北海道の耕地雑草ハンドブック

越智 弘明

写真目次付き

北海道協同組合通信社・ニューカントリー編集部

発刊のことば

北海道の耕地（水田、畑地など）で見かける雑草の名前を知りたい―と思ったときに手掛かりになれば、というハンドブックです。植物はその芽生えから枯死に至るまで、いろいろな姿をしており、思いがけない姿をしていることもあります。耕地雑草も同じです。耕地では花に感心するより、花のない時期に関心を持つことが多く、さらにはまだ幼植物の間によく観察することが大切です。しかし開花時の１枚の画像だけでは、判断が付きかねるのが実情でしょう。なるべくいろいろな様子からヒントを得ていただけるよう、多めの画像を用意しました。

名前を知りたいのは、愛（め）でたいだけではなく、防除の参考にしたいということでもあるでしょう。耕地には「よく見かけるもの」「強い害を示すもの」から「たまにしか見かけないもの」「実害のなさそうなもの」まで多種多彩に生えてきます。しかし、防除の対象として留意すべき種類は限られます。このハンドブックでは、主にその留意すべき雑草種を取り上げました。中には、まだあまり見かけないけれど、これから侵入してきそうな草種も紛れ込んでいます。本書に掲載されていない重要な種類もたくさんあるかもしれませんが、手が回らなかったということでご容赦いただき、本書で参考にした資料などを参考にしてください。

標準和名のほかに、分類上の事項（科名、学名、単子葉・双子葉の別）、生育の特徴（世代交代の周期、生態的な特徴、生育型）、類似種との見分け方、繁殖器官（主な種子散布方法、種子以外の繁殖法）についても記載しました。防除の手掛かりになれば幸いです。巻末には「雑草防除の基本的な考え方」を掲載しました。その中で、これらの項目についても解説しています。

元道立農業試験場主任研究員
元北海道教育大学函館校非常勤講師
越智 弘明

おち ひろあき 1972年から道立農業試験場に勤務。主に作物研究部門に従事。その間、耕地雑草問題に関しては、クリーン農業関連のうち畑地雑草関係課題、除草剤実用化試験の分担・とりまとめを担当。2007年定年退職。現在、ボケ防止がてらＨＰ「大雪山旭岳の麓から」でブログを更新中。

■写真提供者（敬称略、五十音順）

安積 大治　道総研農業研究本部企画調整部長

尾﨑 洋人　道総研道南農業試験場研究部主査

佐藤 久泰　元北海道総括専門技術員

疋田 英子　日本野鳥の会道北支部副支部長

又野 淳子　大阪府環境審議会委員

■主な参考資料

「米倉浩司・梶田忠（2003-）「BG Plants 和名－学名インデックス」（YList）、http://ylist.info」

「北海道の耕地雑草－見分け方と防除法」北海道協同組合通信社、2009 年

「新時代の除草法」北海道協同組合通信社、1986 年

「新北海道の除草法全書」北海道協同組合通信社、1994 年

「植調雑草大鑑」浅井元朗、全国農村教育協会、2015 年

「身近な雑草の芽生えハンドブック」浅井元朗、文一総合出版、2012 年

「新版日本原色雑草図鑑」沼田真ら編、全国農村教育協会、1983 年

「図解水田多年生雑草の生態」宮原益次監修、デュポンジャパン、1987 年

「水田の多年生雑草」草薙得一、全国農村教育協会、1976 年

「原色雑草の診断」草薙得一、農山漁村文化協会、1986 年

「世界の雑草（Ⅰ～Ⅲ）」竹松哲夫ら、全国農村教育協会　1987 年、1993 年、1997 年

「日本イネ科植物図譜」長田武正、平凡社、1990 年

「日本の帰化植物」清水建美、平凡社、2003 年

「日本の野生植物（Ⅰ～Ⅲ）」佐竹義輔ら編、平凡社、1981 ～ 1982 年

「日本山野草・樹木生態図鑑」桑原義晴ら編、全国農村教育協会、1990 年

「北海道植物図譜」滝田謙譲、2001 年

「新北海道の花」梅沢俊、北海道大学出版会、2007 年

目次

雑草防除の基本的な考え方

幼植物写真目次

※該当写真がないものは割愛して掲載

タチタネツケバナ 125
エゾスズシロ 128
イヌガラシ 132
スカシタゴボウ 135
キレハイヌガラシ 138
オオチドメ 141
オオバコ 144
ヘラオオバコ 147
オオイヌノフグリ 150
カタバミ 153
セイヨウノコギリソウ 156
ブタクサ 159
イヌカミツレ 162
カミツレモドキ 165
オオヨモギ 168
セイヨウトゲアザミ 175
エゾノキツネアザミ 178
アメリカオニアザミ 181
ヒメジョオン 184
ヒメムカシヨモギ 189

幼植物写真目次

ソバカズラ 260
オオイタドリ 262
オオイヌタデ 265
イヌタデ 268
ハルタデ 271
タニソバ 274
イシミカワ 277
ミゾソバ 282
ミチヤナギ 285
ヒメスイバ 288
エゾノギシギシ 291
ナガバギシギシ 294
ノダイオウ 299
コガネギシギシ 302
エノキグサ 304
イヌホオズキ 309
ミミナグサ 312
ツメクサ 315
ノハラツメクサ 318
コハコベ 323

幼植物写真目次

生育初期 写真目次

※該当写真がないものは割愛して掲載

生育初期写真目次

イヌガラシ 132
スカシタゴボウ 135
キレハイヌガラシ 138
オオチドメ 141
オオバコ 144
ヘラオオバコ 147
カタバミ 153
セイヨウノコギリソウ 156
ブタクサ 159
イヌカミツレ 162
カミツレモドキ 165
オオヨモギ 168
オトコヨモギ 171
セイヨウトゲアザミ 175
エゾノキツネアザミ 178
アメリカオニアザミ 181
ヒメジョオン 184
ハルジオン 187
ヒメムカシヨモギ 189
ヒメチチコグサ 192

生育初期写真目次

生育初期写真目次

成植物写真目次

※該当写真がないものは割愛して掲載

成植物写真目次

エゾスズシロ 128
グンバイナズナ 130
マメグンバイナズナ 131
イヌガラシ 132
スカシタゴボウ 135
キレハイヌガラシ 138
オオチドメ 141
オオバコ 144
ヘラオオバコ 147
オオイヌノフグリ 150
カタバミ 153
セイヨウノコギリソウ 156
ブタクサ 159
イヌカミツレ 162
カミツレモドキ 165
オオヨモギ 168
オトコヨモギ 171
トキンソウ 173
セイヨウトゲアザミ 175
エゾノキツネアザミ 178

成植物写真目次

成植物写真目次

ヒルガオ 347
アメリカネナシカズラ 350
ムラサキツメクサ 353
シロツメクサ 355
ノハラムラサキ 357
コンフリー 360
ヨウシュヤマゴボウ 363
コヌカグサ 365
オオスズメノテッポウ 368
ハルガヤ 370
メヒシバ 372
アキメヒシバ 376
イヌビエ 378
シバムギ 381
ノハラスズメノテッポウ 384
スズメノカタビラ 386
ムカゴイチゴツナギ 389
オオスズメノカタビラ 391
アキノエノコログサ 392
キンエノコロ 395
エノコログサ 398
ツユクサ 400
スギナ 403
イヌスギナ 406

記載方法

和名、科名、学名はYListによる。よく使われる別名も適宜記載した。学名は命名者名を割愛して記載した。YList参照先は、「米倉浩司・梶田忠(2003-)「BG Plants 和名－学名インデックス」(YList)、http://ylist.info」。

YListでは、被子植物の科名はAPG Ⅲ（2009）による。本書では、日本で広く利用されてきたエングラー体系による科名を、APGと異なる場合はかっこ内に記載した。

APG（Angiosperm Phylogeny Group：被子植物系統グループ）分類体系は1998年に初めて公表された被子植物の新しい分類体系で、遺伝子分析による系統解析に基づくものである。まだ発展途上で改定が繰り返されているが、近年は主流となりつつある。除草剤の選択性を考えるときには、重要な視点になっていくのではないかと思われる。

一方、エングラー体系は形態の類似性に基づくもので、すでに置き去りにされつつある。しかし、すでにお手元にある日本の図鑑や解説書の類いはたいていエングラー体系による分類で、この形態の類似性というのは現場においては捨てがたい。遺伝子レベルの類似性は形態レベルの類似性にも現れるに違いない。

単子葉植物と双子葉植物の区分は、エングラー体系では分類階級の「綱」に位置付けられていたが、APG体系では単子葉類と真正双子葉類とに分けられており、分類階級はなく、単純ではない。単子葉か双子葉かは大変分かりやすい形質なので、本書では単子葉・双子葉の別として記載した。

■掲載順

水田雑草、畑地（草地含む）雑草の順。それぞれに双子葉類・単子葉類をAPG体系の科名で50音順、科ごとに学名のアルファベット順に掲載し、その後にその他としてシダ植物・コケ類・藻類を掲載した。ただし一部、類似種同士や編集上の都合で変えたものもある。

図鑑の見方

①区分：双子葉、単子葉、その他
②和名
③別名
④科名：APG 分類体系による。かっこ内はエングラー体系で、AGP 分類体系と異なる場合のみ記載
⑤学名
⑥世代交代の周期
⑦生育の特徴
⑧特に気を付けたい雑草

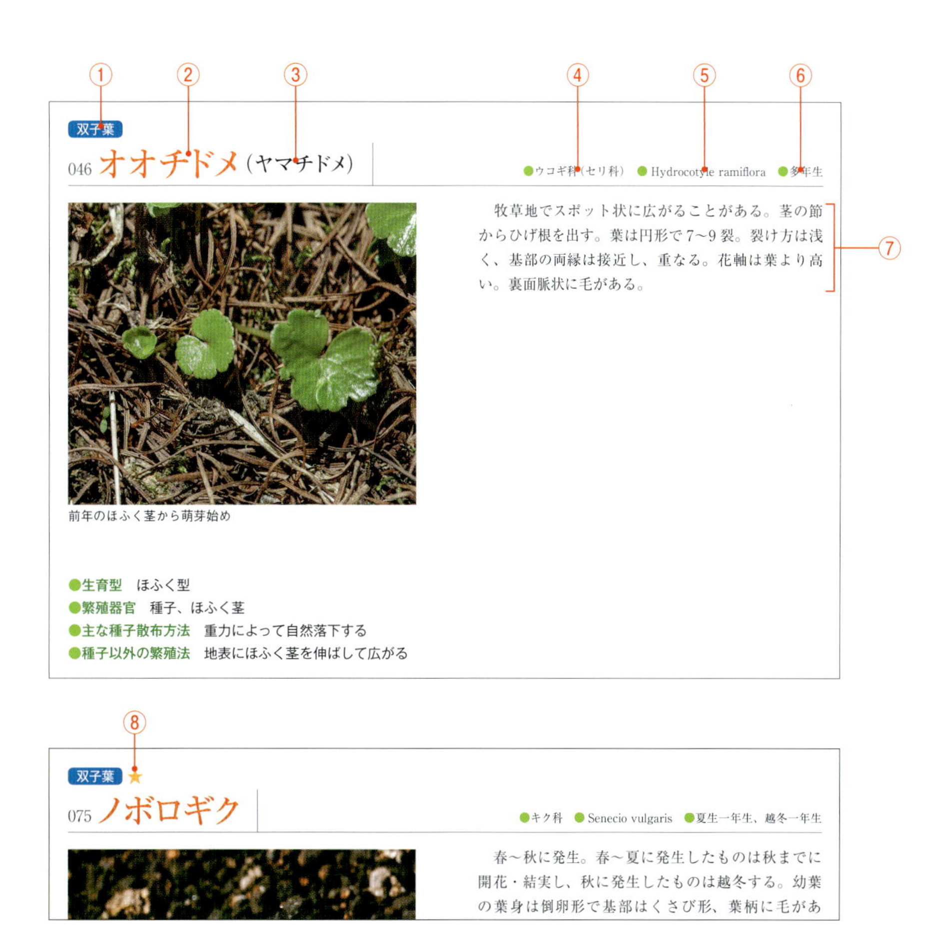

用語解説（五十音順）

アレロパシー
植物が放出する化学物質が他の植物や動物、微生物など生物個体に何らかの作用を起こす現象。他感作用とも。

羽状複葉（うじょうふくよう）
葉軸の左右に小葉が対になって並んでついている複葉。羽状葉ともいう。葉軸の先端に小葉がつくと奇数羽状複葉、つかないと偶数羽状複葉といい、葉軸の分枝する回数によって二回羽状複葉、三回羽状複葉などと数える。

腋生（えきせい）
花や芽が葉のつけ根（葉腋）につくこと。

エライオソーム
種子にある柔らかい付着物のこと。アリは食べるために種子ごと巣に運び込み、幼虫が食べた後は巣の外に放出し、結果として種子散布される。カタクリやスミレ、エゾエンゴサクなどでよく知られる。種枕（しゅちん）ともいうが、その全てがエライオソームというわけではない。

開出毛（かいしゅつもう）
茎や葉などの面に対して直角に伸びている毛。

花序（かじょ）
茎につく複数の花の並び方。頭状（イヌカミツレなど）、穂状（オオバコなど）、総状（ナズナなど）など数多く分類される。花をつける茎の部分を指すこともある。

花床（かしょう）
花柄（かへい）の先端で、花びら・雄しべ・雌しべ・がくなどがつく部分。花托（かたく）。

鋸歯（きょし）
葉や花弁、がくの縁にあるのこぎりの歯のようなギザギザのこと。

根茎（こんけい）
地中を横に伸び、根のように見える茎のこと。長短ある。節があり、上方に茎を出し、下方に根を出す。

根生（こんせい）
根から直接出ているように見える葉の出方。地上茎がごく短く、節間はほとんどないが互生している。根生葉は根生した葉。ロゼットや根出葉ともいう。

唇形花（しんけいか）
アゼナやナギナタコウジュのように筒状の花びらの先が上下の二片に分かれ唇のような形をしたもの。

ずい柱
ガガイモのように雌しべと雄しべとがくっつき一つになったもの。ラン科の花にも多く見られる。

星状毛（せいじょうもう）
放射状に生える毛で、星型のように見える。

舌状花（ぜつじょうか）
セイヨウタンポポやフランスギクの頭花のように周りの花びらがついているように見える小花のこと。この花びらは舌状花冠といい、5枚の花弁が互いにくっつき、舌のような形状になる。

腺毛（せんもう）
先端に球状の膨らみがある多細胞の毛。粘液を分泌するので粘る。

全縁（ぜんえん）
縁が滑らかで、凸凹やギザギザがないこと。全辺ともいう。

そう生
茎や花茎などが、根際から束のように集まって生じること。

総苞（そうほう）
花や花序の基部にあり、つぼみを包む葉のことを苞、または苞葉という。花序全体の基部を包む苞を総苞という。

托葉（たくよう）
葉柄の上部または基部にある葉状、突起状、とげ状の器官。タデ科・イヌタデなどの托葉は、さや状で托葉鞘（さや状托葉）と呼ばれる。イシミカワの托葉鞘上部は円形の葉状になり、茎を囲む。

筒状花（とうじょうか）
5枚の花弁が互いにくっついて、筒状になった花冠を持つ花。管状花ともいう。

頭状花（とうじょうか）
キク科の花のように平たい円盤状の花軸に、柄のない小花が多数、密に並んでつく花序を頭状花序といい、一つの花のように見える。その花のこと。

芒（のぎ）
イネ科の外穎（がいえい:花の外側のカバー、外花穎ともいう）先端や外側から出る剛毛状の突起、長短あり。

披針形（ひしんけい）
葉の形状の一つ。イヌタデのように先がとがり、基の方は鈍く中部よりやや下の辺りがいちばん幅広い。

無性芽（むせいが）
植物体の一部が本体から離れて、新しい個体になるように分化した体の部分。

ロゼット状（型）
極めて短い地上茎から葉が放射状に水平に出ている状態のこと。

【図鑑】主な種類と特徴

双子葉

001 チョウジタデ

●アカバナ科 ●Ludwigia epilobioide subsp. epilobioides ●夏生一年生

生育初期

一見タデ類のように見えるが、全体無毛、茎には低い四稜（りょう）があり、葉の基部に托葉鞘（たくようしょう）はない。水深が深い所ではあまり発生しない。畦畔（けいはん）のそばや、土壌表面が水面上に露出したような場所に発生する。アカバナ科で水田に生育するのはチョウジタデだけ。芽生えの頃は水面下、3葉期になると葉の表裏ともに緑紅色になり、葉柄は紅色になる。茎はやや赤みを帯び、秋になると赤みは強まる。花は黄色。北海道では閉鎖花が多い。開花した場合、通常、花弁は4枚、ときに5枚。

●**生育型**　直立型
●**繁殖器官**　種子
●**主な種子散布方法**　風や水で運ばれたり、重力によって自然落下する
●**種子以外の繁殖法**　通常は栄養繁殖をしない

開花期（撮影地・大阪府）。北海道では閉鎖花が多い（又野淳子原図）

結実期、全体に赤みが増す

果実（さく果の長さは 1.5～2 cm）

双子葉

002 タケトアゼナ

●アゼナ科（ゴマノハグサ科） ● Lindernia dubia subsp. dubia ●夏生一年生

生育初期

広義のアメリカアゼナのうち、北海道には亜種タケトアゼナが多く分布する。幼植物は春から夏に発生し、平滑で無毛、葉は細長い楕円（だえん）形で鋸歯（きょし）はなく、先がとがる。3葉期くらいには葉が卵形になる。葉は対生し、基部は円〜心形でやや茎を抱き、葉縁にはわずかに鋸歯がある。下部でよく分枝し、そう生する。花の4本の雄ずいのうち2本に葯（やく）がつく。植物体が小さく、1株1株のイネに対する影響は大きくはないが、発生量が多いので強害雑草になっている。スルホニルウレア系除草剤抵抗性タイプがある。

●**生育型**　分枝型でほふく茎を持つ
●**繁殖器官**　種子
●**主な種子散布方法**　風や水で運ばれたり、重力によって自然落下する
●**種子以外の繁殖法**　通常は栄養繁殖をしない

着蕾（ちゃくらい）期

開花期

開花期の群生

葉縁には鋸歯があり、基部はやや茎を抱く

タケトアゼナ

花、4本の雄ずいのうち2本に葯（やく）がつく

類似種との見分け方

亜種アメリカアゼナ（subsp. major）の葉の基部は、くさび形で茎を抱くことはなく、葉縁の先半分ほどにはっきりした鋸歯（きょし）がある。アゼナ（p.39）の葉に鋸歯はなく、幼時にはタケトアゼナと区別がつかない。アゼナの花の4本の雄ずい全てに葯（やく）がつき、タケトアゼナの花では4本の雄ずいのうち2本に葯がつく。

双子葉 ★

003 アゼナ

●アゼナ科（ゴマノハグサ科） ● Lindernia procumbens ●夏生一年生

実生の生育初期

タケトアゼナ（p.36）に似るが、葉に鋸歯（きょし）はない。花の4本の雄ずい全てに葯（やく）がつく。

種子生産量は1株当たり4,000個くらい。種子には休眠がある。土壌中での種子寿命は50年以上にも及ぶ。スルホニルウレア系除草剤抵抗性タイプがある。

●**生育型**　分枝型でほふく茎を持つ
●**繁殖器官**　種子
●**主な種子散布方法**　風や水で運ばれたり、重力によって自然落下する
●**種子以外の繁殖法**　通常は栄養繁殖をしない

アゼナ

生育初期

分枝はまだ

着蕾（ちゃくらい）始め。分枝している

着蕾期

結実期

葉縁に鋸歯はなく、基部は茎を抱かない

花、4本の雄ずい全てに葯がつく

類似種との見分け方

タケトアゼナ（p.36）と幼植物の区別は困難。成植物では葉の鋸歯（きょし）の有無で区別できる。タケトアゼナの花の4本の雄ずいのうち2本に葯（やく）がつき、アゼナの花では4本の雄ずい全てに葯がつく。

双子葉

004 ミズハコベ

●オオバコ科（アワゴケ科）　● Callitriche palustris　●多年生

細長いほふく茎が長く伸びる

茎は細長く水中に伸び、よく分枝する。茎の節から細い根を出す。折れやすく、切断茎から新苗ができ増える。水深が深い所では水中に細長い沈水葉ができ、水面上に出る浮水葉はヘラ形。雌雄同株で花は葉の付け根につき、雌花は雌しべ1個で花柱は2本、雄花は雄しべが1個。花弁もがく片もなく目立たない。果実は軍配形で径は1mmほどと小さく、濁った水中では確認しづらい。

●生育型　分枝型でほふく茎を持つ
●繁殖器官　種子、ほふく茎
●主な種子散布方法　風や水で運ばれる
●種子以外の繁殖法　茎が水中を這（は）い、節から根を下ろして広がる

沈水葉は細長い

類似種との見分け方

名前の似るミゾハコベ（p.59）は泥面に張り付くように成長する。ミゾハコベの葉の基部には托葉（たくよう）が、花には花弁があるとされ区別は明確だが、ごく小さいので水田での判別は難しい。

密生する

双子葉

005 ミゾカクシ（アゼムシロ）

●キキョウ科 ●Lobelia chinensis ●多年生

ほふく茎から出た直立茎

●**生育型** ほふく茎から直立茎を出す
●**繁殖器官** 種子、ほふく茎
●**主な種子散布方法** 重力によって自然落下する
●**種子以外の繁殖法** 茎が地上を這(は)い、節から根を下ろして広がる

畦畔(けいはん)の越冬株からほふく茎が伸び、水田に侵入することが多い。ほふく茎は四方に広がり、茎が地面につくと節から容易に発根し、むしろ状に群生する。裸地では地面に張り付き、茎の先端やイネのそば、密生状態では立ち上がる。耕起などによって茎が切断されると旺盛に再生する。湿潤条件を好むが、乾燥やたん水条件にも強い。長楕円(だえん)形の葉はまばらに2列に互生し、無毛、縁にはわずかに鋸歯(きょし)がある。花冠は唇形(しんけい)で、上唇は2深裂して左右に広がり、下唇は3深裂。雄ずいは合着し花柱を取り巻く。アルカロイドを含む有毒植物。

ほふく茎が伸びる

ほふく茎を伸ばす

ほふく茎を伸ばして広がる

ほふく茎から直立茎を出し新葉を展開する

ミゾカクシ

密生する（開花期）

花は個性的

落水後

ほふく茎の節から発芽・発根する

双子葉

006 アメリカセンダングサ（セイタカタウコギ）

●キク科　● Bidens frondosa　●夏生一年生

生育初期

●生育型　直立型
●繁殖器官　種子
●主な種子散布方法　風や水で運ばれたり、動物に着いて運ばれる
●種子以外の繁殖法　通常は栄養繁殖をしない

茎は四角柱状、無毛で紫褐色を帯び、直立して上部で多く分枝して大きくなり、イネより高くなる。成熟した茎は硬くなり、収穫作業の邪魔になる。葉は対生し、長い葉柄がある。完全な複葉で各小葉にも柄がある。葉脈が明瞭で、縁には鋸歯（きょし）がある。花は各分枝の先につき、多数の筒状花（とうじょうか）の周りに数個の舌状花（ぜつじょうか）をつける。その外側に葉状の総苞片（そうほうへん）を6～10個つける。果実は扁平（へんぺい）で、両肩に逆刺（かえり）のあるとげが2本あり、全面にも上向きの剛毛があり、動物にくっついて運ばれる。

種子生産量は1株当たり25～7,540個。種子には休眠があり、低温・湿潤処理で覚醒。土壌中の種子寿命は16年に及ぶことがある。畑地で雑草化することもある。

アメリカセンダングサ

生育盛期

開花期

イネより高くなる

葉は複葉で、小葉には短い柄がある。葉脈は明瞭

頭花の中央に筒状花、周りにはまばらに舌状花がある

茎断面は四角形で暗紫色

大豆畑でも雑草化

類似種との見分け方

タウコギ（p.50）の葉は深く裂開するが単葉、葉脈は不明瞭。頭花は筒状花(とうじょうか)のみで舌状花(ぜつじょうか)はない。茎の断面は丸。

双子葉

007 タウコギ

●キク科 ● *Bidens tripartita* ●夏生一年生

生育初期

●**生育型** 直立型
●**繁殖器官** 種子
●**主な種子散布方法** 風や水で運ばれたり、動物に着いて運ばれる
●**種子以外の繁殖法** 通常は栄養繁殖をしない

春に発生し、夏～秋に開花する。全体無毛。茎は淡緑色、円柱状で直立し、上部で分枝する。葉は対生し、3～5裂するが複葉状にはならない。茎の上方の葉は、裂片に分かれない。

種子発芽には光と変温を要し、22～32℃程度の変温条件が良い。肥沃(ひよく)地を好む。頭花は筒状(とうじょう)花(か)のみ。

生育中期。葉は深く裂開するが単葉
（尾﨑洋人原図）

生育盛期（尾﨑洋人原図）

開花期。頭花に舌状（ぜつじょう）花はない

類似種との見分け方

アメリカセンダングサ（p.47）の葉は複葉で、小葉には柄がある。頭花には筒状花の他に舌状花がある。茎は紫褐色、断面は四角形で葉脈は明瞭。

双子葉

008 オオアブノメ

●オオバコ科（ゴマノハグサ科）　● *Gratiola japonica*　●夏生一年生

着蕾（ちゃくらい）期

●**生育型**　分枝型
●**繁殖器官**　種子
●**主な種子散布方法**　風や水で運ばれたり、重力によって自然落下する
●**種子以外の繁殖法**　通常は栄養繁殖をしない

発生時期はやや遅め。全体無毛。茎は太く、肉質で柔らかく、円柱形で中空、分枝して株立ちになる。葉は対生し、やや肉質で無柄。先はややとがり、基部は少し茎を抱く。花は葉腋（ようえき）につき、ほぼ無柄。花冠は短い筒状、閉鎖花がほとんどで花冠は開かない。

種子の寿命は、湿田で6〜7年、乾田では10年以上。

開花始め

開花～結実期

花冠は開いてもここまで

開花せず、受粉・受精を終えて落花する

双子葉

009 セリ

●セリ科 ● *Oenanthe javanica* ●多年生

耕起前

●生育型 偽ロゼット型でほふく茎を持つ

●繁殖器官 ほふく茎、種子

●主な種子散布方法 風や水で運ばれたり、重力によって自然落下する

●種子以外の繁殖法 茎が地上を這(は)い、節から根を下ろして広がる

茎は四角柱状で中空、無毛、基部から数多く分枝する。主に畦畔(けいはん)で越冬した株基部から伸びるほふく茎で、イネの株間に広がる。秋耕をしない水田で越冬した株は、春耕時に細断されるが埋め込まれ、ほとんどが萌芽できないで枯死する。一部は生き残って生育する。ほふく茎は、節の不定芽から根と芽を出して生育する。切断されたほふく茎は乾燥に強く、乾田状態での萌芽率は高い。湿潤状態で萌芽率は低下し、たん水田では地下1～2 cm埋没で萌芽できなくなる。ほふく茎の伸長は長日・高温で促進される。

種子は光発芽性。花序の小総苞片(そうほうへん)は小花柄より長く、目立つ。

萌芽後生育初期

生育盛期

開花期

結実期

セリ

落水後のほふく茎

越冬後のほふく茎

双子葉

010 ヤナギタデ

●タデ科　● *Persicaria hydropiper*　●夏生一年生

生育中期、葉には艶がある

水田に生えるが、転換畑で優占する場合もある。幼植物でも全草に辛みがある。茎は円柱形。赤色で直立するか斜めに立ち、下部で数多く分枝し、土に接した節から発根するものもある。葉は柄があって互生し、ヤナギの葉と似た形状。托葉鞘（たくようしょう）の縁以外は無毛で光沢がある。托葉鞘の縁には長い毛があるが、さや部の長さよりはずっと短い。

種子生産量は1株当たり数百～3,000個ほど。種子には休眠がある。

●**生育型**　直立型とほふく型がある
●**繁殖器官**　種子
●**主な種子散布方法**　重力によって自然落下したり、風や水に運ばれる
●**種子以外の繁殖法**　通常は栄養繁殖をしない

着蕾（ちゃくらい）期

密生状態

托葉鞘の縁の毛は長いがさや部の長さよりはずっと短い

類似種との見分け方

他のタデ類数種も畦畔（けいはん）の近くに生えることはあるが、たん水状態は好まないようで、旺盛に生育することはない。ヤナギタデは幼植物でも全草に辛みがあり、かじってみるとほかのタデ類と区別がつく。イヌタデ（p.268）の托葉鞘（たくようしょう）の縁の毛の長さは、さや部と同じくらい。

双子葉 ★

011 ミゾハコベ

●ミゾハコベ科 ●Elatine triandra var. pedicellata ●夏生一年生

水中の葉は緑白色で厚みはない

ごく小型で柔らかく、全身無毛で、多発することがある。成植物の茎は円柱状で、泥の上を這(は)って分枝しながら広がり、節々から白いひげ根を出す。枝の長さは10 cmほど。葉は長さ5～12 mm、幅2～3 mm。対生しやや密につき、葉柄はごく短いかまたはない。托葉(たくよう)があると書かれている資料もあるが、ごく小さいのか、あるようには見えず、水田での視認は極めて難しい。花は径1 mmほどで各葉腋(ようえき)に一つ開く。花弁は3枚で淡紅色。果実は球形。スルホニルウレア系除草剤抵抗性タイプがある。

●**生育型**　分枝型でほふく茎を持つ
●**繁殖器官**　種子
●**主な種子散布方法**　風や水で運ばれる
●**種子以外の繁殖法**　通常は栄養繁殖をしない

地面をほふくしながら分枝して広がる。葉は厚みと光沢がある

着蕾（ちゃくらい）期。紅色のつぼみが見える

ほふく茎の各節から発根する

果実も葉腋（ようえき）に1個つく

類似種との見分け方

ミズハコベ（p.42）は水があると、浮水葉が浮く。ミズハコベの葉の基部には托葉（たくよう）、花弁はなく、区別は明確なようだが、ごく小さいので水田での判別は難しい。

単子葉

012 ハイコヌカグサ

●イネ科　● Agrostis stolonifera　●多年生

水田で越冬直後

すこぶる多型な種で、水湿地に生える型が畦畔（けいはん）から水田に侵入する。地上部は枯れずに越冬し、早春には生育を再開する。ほふく茎を伸ばして広がり、先は斜上し、節から発根し、分げつ稈（かん）を束生して立ち上げる。全体無毛。クリーピングベントグラスと呼ばれ、芝生用に使われている。畦畔では、地面を覆う。

●**生育型**　ほふく茎から直立茎を出す

●**繁殖器官**　種子、ほふく茎

●**主な種子散布方法**　重力によって自然落下する

●**種子以外の繁殖法**　短い根茎を地中に、ほふく茎を地表に伸ばす。節から根を下ろして広がり、さらに短い根茎を地中に伸ばすこともある

ハイコヌカグサ

ほふく茎が横に伸びる

根を出し、茎を出しながら拡大する

出穂期

短い根茎も出す

類似種との見分け方

コヌカグサ（p.365）は根茎を伸ばして増える。ハイコヌカグサはほふく茎を伸ばして増える。葉舌は、コヌカグサは3～7 mmで先が裂け、ハイコヌカグサは1～4 mmほど。

単子葉

013 スズメノテッポウ

●イネ科 ● Alopecurus aequalis var. amurensis ●夏生一年生、越冬一年生

生育中期

前年秋に発生したものが越冬し、春耕前の水田で成長するが、多くの個体は春耕で駆除される。畦畔(けいはん)付近にあるものは初夏までに種子を盛んに落とし、水の移動で拡散する。種子には休眠がある。葉舌が目立つ。スルホニルウレア系およびトリフルラリン除草剤の抵抗性タイプがある。

●**生育型**　そう生型
●**繁殖器官**　種子
●**主な種子散布方法**　風や水で運ばれたり、重力によって自然落下する
●**種子以外の繁殖法**　通常は栄養繁殖をしない

出穂開花期

類似種との見分け方

基本変種をノハラスズメノテッポウ(p.384)と呼び、畑地型で、芒(のぎ)が目立たないことが特徴。その他の外見はほぼ同じ。

葉舌が目立つ

芒が小穂から突き出す(目立つ)

単子葉 ★

014 タイヌビエ

●イネ科 ● Echinochloa oryzicola ●夏生一年生

分げつ始め。葉鞘（ようしょう）は扁平（へんぺい）、株は開き気味

●**生育型**　そう生型

●**繁殖器官**　種子

●**主な種子散布方法**　風や水で運ばれたり、重力によって自然落下する

●**種子以外の繁殖法**　通常は栄養繁殖をしない

ノビエの中では一番多い。気温が14～15℃以上の日が続くと発生。水深がかなり深くても発生する。水分要求性は強いので、畑地にはあまり生えない。幼植物の葉は表裏ともに無毛、縁に上向きの歯があり、葉舌はない。5葉期ごろ、分げつが始まると養分吸収が多くなる。成植物の稈（かん）は平滑で、束生し大きな株になり直立する。葉は淡緑色で無毛。葉の縁には細かい歯が密にあってざらつく。穂は淡緑色。1 m^2 当たり50本でイネの収量半減。

タイヌビエ

出穂期

穂は淡緑色

葉舌、葉耳はない

イヌビエ。基部は赤紫色に色付くことが多い

類似種との見分け方

イネと似ているが、イネの葉舌は長く、先端はとがる。幼植物時、直播栽培では区別が困難。移植栽培では、タイヌビエの方がイネよりずっと小さく区別できる。タイヌビエの葉色はイヌビエ(p.378)より淡く、葉身は直立する。イヌビエのように茎や穂に紫褐色は出ない。イヌビエの変種ケイヌビエ (var. aristata) はイヌビエよりも壮大で、穂は密になり、3～4 cm の芒(のぎ)がつき、熟すと穂全体が紫褐色になる。

単子葉 ★

015 エゾノサヤヌカグサ

●イネ科 ● *Leersia oryzoides* ●多年生

稈は細い

●**生育型** そう生型の茎の下部がほふくする

●**繁殖器官** 根茎、種子、株基部

●**主な種子散布方法** 風や水で運ばれたり、重力によって自然落下する

●**種子以外の繁殖法** 根茎が短く分枝し、親株の近くに広がる。時に株基部の越冬芽からも芽を出す

根茎は各節に芽をつけており、耕起や代かきの時に切断されてばらまかれ、繁殖源になる。稈(かん)はやや細く、そう生して立ち上がり、草丈 70～100 cm になる。節部に下向きの剛毛を密生する。葉身の両面、縁や葉鞘(ようしょう)が著しくざらつく。葉身や葉鞘は赤みを帯びる。葉舌は高さ 1 mm 程度で目立たない。イネ白葉枯病菌の宿主になり、伝染源になる。

葉身や葉鞘は細く赤みを帯びる

生育盛期そう生する

出穂～開花始め

盛んに根茎を出す

節部に下向きの剛毛が密生し、稈（かん）にも剛毛がある。葉舌は高さ 1.5 mm ほど

小穂の穎（えい）の脈上にとげ状の剛毛が並ぶ

単子葉

016 ヨシ（アシ、キタヨシ）

●イネ科 ● Phragmites australis ●多年生

根茎からの芽

根茎を伸ばして畦畔（けいはん）から侵入する。根茎から出る芽は太くて硬い。稈（かん）は高さ2〜3mにもなり、円形、中空で硬く直立し、分枝しない。葉は線形で硬く、縁はざらつく。裏面に伏毛がある。葉舌は低く、縁に短毛を列生する。葉鞘（ようしょう）の口部には長毛が生え、赤褐色を帯びる。葉鞘はほとんど無毛。

●生育型　直立型
●繁殖器官　種子、根茎
●主な種子散布方法　風や水で運ばれる
●種子以外の繁殖法　根茎が横走し、広範囲に広がる

ヨシ

根茎から芽が出た１週間後

イネの上に出る

葉鞘（ようしょう）の口部には長毛が生える

出穂期

穂。一方に偏って垂れる

単子葉 ★

017 オモダカ

●オモダカ科 ● Sagittaria trifolia ●多年生

塊茎からの萌芽後、葉齢が進むと葉身はヘラ形になる

●**生育型** ロゼット型
●**繁殖器官** 塊茎、種子
●**主な種子散布方法** 風や水で運ばれる
●**種子以外の繁殖法** 根茎が短く分枝し、先端に塊茎をつくる

葉は全て根生し、長い葉柄がある。成葉は矢尻形、側裂片の先端がとがる。葉身の幅には変異があり、細いものではアギナシとの区別は困難。雌雄同株、花は数段に輪生し、下段に雌花、上段に雄花がつく。秋に根茎の先に小さな塊茎が数多くできる。翌春、塊茎から芽を出す。塊茎には休眠があり、高温（20℃以上）で覚醒。塊茎の大きさに変異多く、土中の垂直分布が大きく、休眠覚醒程度に差があるため、発生消長期間が長い。大きな塊茎の場合、20 cm 深からでも萌芽する。

種子でも繁殖し、一度水田に侵入すると、駆除は難しい。スルホニルウレア系除草剤抵抗性タイプあり。

さらに葉齢が進むと、矢尻形の葉が展開するようになる

開花期

密生、開花期

開花～結実期

前年の塊茎

上方に雄花、
下方に雌花

類似種との見分け方

アギナシ（S. aginashi）は根茎をつくらず、葉柄基部の内側に小さな球茎を密生し、越冬する。側裂片の先端は丸みがある。

葉の形状には変異あり、裂片が細い

単子葉 ★

018 ヘラオモダカ

●オモダカ科 ● Alisma canaliculatum ●多年生

種子から発生

花は両性花。水田では主に種子で繁殖する。越冬した根茎から萌芽することもあり、生育初期には目立って大きい。根茎は短く、複数株の根生葉が根元で重なる。塊茎はつくらない。出芽深度は地下1.5 cmまでだが、水深15 cmでも生育できる。初め線形葉が5～9枚ほど放射状に出て、次第に先がヘラ状になった葉が現れる。根元から花茎を出し、数段、3または6本の枝を輪生し、枝からさらに3本の小枝を輪生し、その先に長い花柄を出して白い花をつける。

種子生産量は1小花当たり10～20粒、1株当たり数百～数千粒、千粒重は320～450 mg。スルホニルウレア系除草剤抵抗性タイプがある。

●生育型 ロゼット型
●繁殖器官 種子、根茎
●主な種子散布方法 風や水で運ばれる
●種子以外の繁殖法 通常は栄養繁殖をしない（水湿地ではする）

出芽後、葉齢が進むと葉身はヘラ形になる

さらに葉齢が進むと、ヘラ形が顕著になる

生育盛期

開花期

花は両性花。花弁の色は白

類似種との見分け方

発生初期には地上部はオモダカ（p.73）やウリカワ（p.81）と似ているが、放射状に葉が5～9枚出るようになると、葉柄の先がヘラ状になった葉が現れる。塊茎は形成しない。

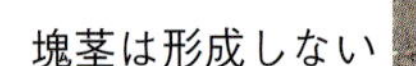

塊茎は形成しない

単子葉

019 サジオモダカ

●オモダカ科 ●Alisma plantago-aquatica var. orientale ●多年生

生育初期。サジ形が明瞭に（尾崎洋人原図）

花は両性花。水田では主に種子で繁殖し、越冬した根茎から萌芽することもあり、初めは目立って大きい。塊茎は形成しない。初め線形葉が4～5枚ほど放射状に出て、次第に先がサジ状になった葉が現れる。根元から花茎を出し、数段、数個の枝を輪生し、その先に長い花柄を出して白～淡紅色の花をつける。

●**生育型**　ロゼット型
●**繁殖器官**　種子、根茎
●**主な種子散布方法**　風や水で運ばれる
●**種子以外の繁殖法**　通常は栄養繁殖をしない（水湿地ではする）

葉身はサジ形。葉鞘（ようしょう）との境が明瞭

類似種との見分け方

発生初期の地上部はオモダカ（p.73）やウリカワ（p.81）と似ているが、放射状に葉が4～5枚出るようになると、葉柄の先がサジ状になった葉が現れる。葉身の基部は切形か心形で、葉柄との境が明らか。塊茎は形成しない。

花は両性花。花弁の色は白～淡紅

開花期（尾崎洋人原図）

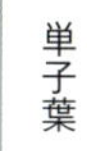

単子葉

020 ウリカワ

●オモダカ科　● *Sagittaria pygmaea*　●多年生

塊茎からの萌芽後（尾﨑洋人原図）

主に塊茎で繁殖。塊茎は頂芽と2~5個の側芽を持ち、頂芽が耕起で傷ついても残った芽から萌芽する。萌芽には酸素を必要とせず、エチレンや炭酸ガスで促進される。萌芽深度は5 cm以内。塊茎の寿命は3年以内。塊茎の比重が小さく、土壌表面に露出したり水に浮くこともある。3~4葉期ごろになると根茎ができ始め、10 cm程度離れた所に分株をつくり、子株、孫株を次々につくる。根茎の先端に塊茎を形成し、越冬し、繁殖する。葉は全て根生葉で初めの2~3枚は細く、次第に幅広の線形になる。雌雄同株、花序の基部に無柄の雌花が1、2個つき、上方に有柄の雄花がまばらにつく。スルホニルウレア系除草剤抵抗性タイプがある。

●**生育型**　ロゼット型
●**繁殖器官**　塊茎、種子、根茎
●**主な種子散布方法**　風や水で運ばれる
●**種子以外の繁殖法**　根茎が短く分枝し、親株の近くに広がり、さらに先端に小さな塊茎をつくる

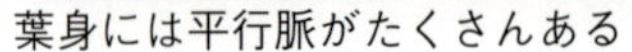
葉身には平行脈がたくさんある

落水後（尾崎洋人原図）

開花期（又野淳子原図）

類似種との見分け方

発生初期の地上部はオモダカ（p.73）などと似ているが、根生葉の先端はややとがり気味。オモダカなどは丸みを帯びる。

子株、孫株とで密生する（又野淳子原図）

単子葉

021 タマガヤツリ

●カヤツリグサ科　● *Cyperus difformis*　●夏生一年生

実生生育初期

細かい種子がたくさんでき、水の流れに乗って広範囲に広がる。たん水状態でよく発生。発生深度は 10 mm 程度が限界。発生量が多く、イネの生育初期には分げつを抑え、生育が盛んになるイネの生育中期には肥料養分の収奪が著しい。花序は球形で、小穂は紫褐色を帯びる。

種子生産量は 1 株当たり 5,000 粒くらいだが、大きい株だと 10 万粒できることもある。根は赤みを帯びる。

●**生育型**　そう生型
●**繁殖器官**　種子
●**主な種子散布方法**　風や水で運ばれたり、重力によって自然落下する
●**種子以外の繁殖法**　通常は栄養繁殖をしない

生育初期～中期。密生状態
（尾﨑洋人原図）

穂は球形

根は赤みを帯びる（尾﨑洋人原図）

類似種との見分け方

幼植物はイヌホタルイ（p.87）などと、生育中期も他のカヤツリグサ科の多くの種とよく似ているが、根が赤みを帯びているので、引き抜いてみると区別できる。

単子葉

022 マツバイ

●カヤツリグサ科　● Eleocharis aciculari var. longiseta　●多年生

幼植物（安積大治原図）

主に根茎で繁殖、種子繁殖もする。越冬した根茎の出芽深度は土壌表面から3cm程度までで、それより深いと萌芽できない。越冬根茎の各節から発芽発根し、葉の数を増やす。切断された小さな根茎でも節があれば繁殖源になる。さらに、株の基部から繊細な根茎を横に伸ばして節から発根し、松葉のような細い葉を出し、次々と分株をつくる。増殖は速く、水田一面に広がって、地下3cmくらいまで根がマット状に絡み合って養分の収奪が甚だしくなることもある。そう生する葉の間から花茎を数本伸ばし、その先に1個ずつ小穂をつける。スルホニルウレア系除草剤抵抗性タイプがある。

●**生育型**　そう生型
●**繁殖器官**　種子、根茎
●**主な種子散布方法**　風や水で運ばれたり、重力によって自然落下する
●**種子以外の繁殖法**　根茎が横走し、広範囲に広がる

根茎が伸び、次々に分株をつくる（安積大治原図）

小穂は花茎の先端に１個（安積大治原図）

類似種との見分け方

ハリイ（E. congesta var. japonica）には根茎はなく、抜いて見ると区別できる。

直播水田一面に密生（安積大治原図）

単子葉 ★

023 イヌホタルイ

●カヤツリグサ科 ●*Schoenoplectiella juncoides* ●多年生

実生生育初期。線形葉は波打つことが多い

水田では主に種子繁殖をする。株基部が肥大し越冬して萌芽することもあるが、ほとんどが耕起によって枯死し、生き残ったものはすぐに花茎を出す。種子には休眠がある。地下3～4 cmでも出芽し、水田での種子寿命は10年以上。耕起や代かきで種子は拡散され、発生増加の一因になっている。出芽後の生育は旺盛で、イネの初期生育が緩慢な場合、生育抑制が大きくなる。出芽後、1～3枚は線形葉が、6～8枚目までは葉身のない鞘葉（しょうよう）が出る。その後、基部から花茎を出し、その先端に1～8個の小穂をつける。苞葉（ほうよう）が1個つき、花茎と連続して真っすぐに伸びる。スルホニルウレア系除草剤抵抗性タイプがある。斑点米カメムシ類の宿主となる。

●**生育型**　そう生型
●**繁殖器官**　種子、株基部
●**主な種子散布方法**　風や水で運ばれたり、重力によって自然落下する
●**種子以外の繁殖法**　越冬後に株基部から再生する

イヌホタルイ

生育盛期～出穂始め（尾崎洋人原図）

開花期

結実期

びっしり多発

類似種との見分け方

水田にはコホタルイ（S. komarovii）も発生する。コホタルイの小穂はイヌホタルイより小さく、長さ6〜8 mm。イヌホタルイは10 mmほど。ホタルイ（S. hotarui）は水田ではあまり発生しない。種間雑種もあるとされる。

小穂

単子葉 ★

024 シズイ

●カヤツリグサ科 ●Schoenoplectus nipponicus ●多年生

生育初期

●**生育型** そう生型

●**繁殖器官** 塊茎、根茎、種子

●**主な種子散布方法** 風や水で運ばれたり、重力によって自然落下する

●**種子以外の繁殖法** 根茎が短く分枝し、先端に塊茎をつくる

主として越冬塊茎が発生源になる。土中での塊茎の深さはまちまちで、萌芽時期が不ぞろいになる。塊茎から萌芽した2、3葉のものはイヌホタルイ（p.87）とよく似ている。6～8葉で花茎を出し、先端に短い2～3本の花序枝をつけ、その先端に楕円（だえん）形の小穂を1～3個つける。1個の苞葉（ほうよう）が花茎の延長上に長く真っすぐに伸びる。三稜（りょう）形の花茎は、三稜形の葉の一面の薄い膜を突き破って伸びる。8月以降、下方に伸びる根茎の先端に、数珠つなぎのように多数の塊茎を形成する。

発生源は塊茎

塊茎からの生育初期

密生（開花期）

小穂（結実期）

シズイ

茎は三角形、葉は三稜（りょう）形

根茎が伸びて次々に分株する

多発

単子葉

025 アオウキクサ

●サトイモ科（ウキクサ科）　● Lemna aoukikusa　●夏生一年生（多年生）

葉状体

一見、葉だけが水面に浮かんでいるように見えるが、葉ではなく葉状体と呼ばれる器官で、葉と茎が融合したもの。ウキクサ（p.95）と混生することが多い。根は糸状で、葉状体の中央から1本出て水中にぶら下がる。葉状体は楕円（だえん）形で長径でも4～5 mm程度と小さい。両面とも黄緑、3個がつながって一つの個体に見える。

生育期は葉状体の分岐によって旺盛に繁殖し、水面を覆うこともある。秋になると、葉状体に目に見えないほど小さな白い花が咲き、種子をつける。冬に葉状体と根の多くが枯れ、種子で越冬し、夏生一年生のように生育する。たまに葉状体の縁に休眠芽を形成し、土壌面で越冬するものもあり、多年生のようでもある。

●**生育型**　浮遊型でロゼット状
●**繁殖器官**　種子、葉状体分岐
●**主な種子散布方法**　風や水で運ばれる
●**種子以外の繁殖法**　葉状体が別の葉状体をつくり、分離する

群生の様子

類似種との見分け方

コウキクサ（L. minor）はさらに小ぶり。ムラサキコウキクサ（L. japonica）、キタグニコウキクサ（エゾコウキクサ、L. turionifera）はたいてい葉状体の裏面が赤紫になる。ウキクサ（p.95）の葉状体は一回り大きく、艶があり緑が濃く、裏は赤い。糸状の根は数本出る。

葉状体の裏に緑
糸状根が１本

単子葉

026 ウキクサ

●サトイモ科（ウキクサ科） ●Spirodela polyrhiza ●多年生

葉状体

アオウキクサ（p.93）と同様に葉状体が水面に浮かぶ。アオウキクサと混生することが多い。密生すると水田水温を少し下げる。葉状体は丸みを帯び、長径は10 mm近くになり、表面は艶があり緑、裏面は赤、3～4個がつながって一つの個体のように見える。糸状の根は3～10本。生育期には葉状体の分岐によって繁殖する。葉状体の縁に休眠芽をつける。冬には葉状体と根は枯れるが、休眠芽は水底で越冬する。

●**生育型**　浮遊型でロゼット状
●**繁殖器官**　休眠芽、種子、葉状体分岐
●**主な種子散布方法**　風や水で運ばれる
●**種子以外の繁殖法**　葉状体が別の葉状体をつくり分離する

小さい方はアオウキクサ

類似種との見分け方

アオウキクサ（p.93）の葉状体は一回り小さく、表面は黄緑で艶がない。裏も黄緑、糸状根は１本。

葉状体の裏は赤紫で、糸状根は多数

単子葉 ★

027 ヒルムシロ

●ヒルムシロ科 ●Potamogeton distinctus ●多年生

鱗茎からの萌芽、生育初期（尾﨑洋人原図）

●**生育型**　浮遊型でロゼット状
●**繁殖器官**　鱗茎、種子
●**主な種子散布方法**　風や水で運ばれる
●**種子以外の繁殖法**　根茎が横走し、やや広範囲に広がる。秋には根茎の先に鱗茎をつくって、翌年の発生源になる

萌芽には酸素を必要とせず、エチレンや炭酸ガスで促進され、水深が深いほど生育は旺盛になる。根茎の先端が肥大し、バナナの房形の鱗茎（りんけい）をつくる。通常、一番長い頂芽から萌芽する。頂芽が傷つけられても他の側芽から萌芽し、バナナがばらけてもそれぞれから萌芽し、かえって増殖することになる。

鱗茎に休眠はほとんどない。萌芽後間もなく根茎を伸ばし、各節から子株を出す。水田では主に浮葉をつくる。浮葉は表面がワックスで覆われ、光沢があり、水に浮きやすくなっている。池塘（ちとう）（湿原の泥炭層にできる池沼）と同じように、水深が深いと細長く薄い沈水葉も形成する。浮葉が水面を覆うと水温が低下する。

ヒルムシロ

根茎で広がる（尾﨑洋人原図）

一面に広がる（尾﨑洋人原図）

結実期

落水後

発生源となった塊茎が残存している（尾﨑洋人原図）

単子葉 ★

028 ミズアオイ

●ミズアオイ科 ●Monochoria korsakowii ●夏生一年生

生育初期

生育旺盛で発生密度は高く、イネの生育初期には分げつを抑制し、中・後期には養分の収奪が激しくなる。出芽後、5葉期ごろまでは先細りの線形葉、6葉期ごろには茎と葉身、葉柄との区別が明瞭になり、基部は葉鞘（ようしょう）となって茎を抱く。さらに成長が進むと、光沢のあるハート形の葉身をつける。株の基部から出る葉は柄が長く、茎から出る葉柄は短い。葉腋（ようえき）から花茎が伸び、葉身よりも高くに複数の花をつける。花弁は淡紫色、雌しべは1本、雄しべは6本でうち5本の葯（やく）は黄色。1本はやや大きく、葯は青紫色。イネとの生育競合のほか、コンバイン稼働の障害にもなる。スルホニルウレア系除草剤抵抗性タイプあり。昔はナギと呼ばれた。

- **生育型**　偽ロゼット型
- **繁殖器官**　種子
- **主な種子散布方法**　風や水で運ばれたり、重力によって自然落下する
- **種子以外の繁殖法**　通常は栄養繁殖をしない

葉身と葉柄との区別が明瞭

生育盛期

生育盛期

開花期。花茎は葉腋（ようえき）から伸び、葉の上に出る

花茎が長く伸びることもある

密生

花

類似種との見分け方

コナギ（M. vaginalis）は小型で、花茎は葉の上に出ない。

その他

029 イチョウウキゴケ

●ウキゴケ科 ●Ricciocarpus natans

葉状体

日本で唯一の浮遊性のコケ。たん水状態では浮遊、落水状態では泥上に張り付いて生育する。普通の草のような茎と葉の区別はなく、全体が平べったい葉状体。浮遊するものは多数の紫色の鱗片(りんぺん)が仮根状に垂れ下がり、泥土上のものは鱗片が小さくなり、無色の仮根が密生する。雌雄同株で、雄器も胞子のうも葉状体の中央部に埋もれている。葉状体が半円以上に成長すると中央から分岐し増殖する。

アオウキクサと混生

●**繁殖器官**　胞子、葉状体分岐
●**種子以外の繁殖法**　葉状体が分裂する

その他

030 シャジクモ

●シャジクモ科 ●*Chara braunii*

赤い粒は成熟した生殖器

藻類。根、茎、葉の区別はないが、一見小さなスギナ（p.403）のように見える。主軸は節部と長い節間部とから成り、各節から8～11本の小枝を輪生する。各小枝には3～4個の節がある。雌雄同株で生殖器（造精器と生卵器）は小枝の節につき、成熟すると赤みを帯びる。

水中の様子

●**繁殖器官**　卵胞子
●**種子以外の繁殖法**　通常は栄養繁殖をしない

双子葉

031 イチビ

●アオイ科 ● *Abutilon theophrasti* ●夏生一年生

実生。子葉は左右非対称

古くは繊維作物として栽培されていた。戦後、北アメリカから輸入穀物に混じって雑草型系統が侵入したとされる。子葉は左右非対称で、一方はほぼ円形、もう一方は基部がくぼむ心形。両面と縁は短毛が密生。生育が進むと直立、全草にビロード状に毛が生える。成葉は長さ8〜10cmくらいと大きい。

種子生産量は1花当たり5〜15個、1株当たり100〜200花くらい。種子には休眠がある。発生深度は10cmくらいまで。土壌中寿命は20年以上。一度種子が落ちると数年にわたって発生する。茎葉を土壌中にすき込むと、大豆やトウモロコシの発芽や生育を阻害する。根は直根で深く伸び、水分競合に強い。高温、富栄養では壮大になる。てん菜で畝長30m当たり6本、24本発生したときに、根重がそれぞれ14%、30%低下したという例もある。

●**生育型**　直立型
●**繁殖器官**　種子
●**主な種子散布方法**　重力によって自然落下する
●**種子以外の繁殖法**　通常は栄養繁殖をしない

実生生育初期

生育中期（トウモロコシ畑）

生育中期（秋まき小麦成熟期）

イチビ

開花期（大豆畑）

花弁は 5、雄ずい多数

未熟の果実

双子葉

032 ゼニバアオイ

●アオイ科　● Malva neglecta　●越冬一年生

越冬前

牧草地に発生している。秋に発生して越冬後、夏に開花・結実する。茎にはまばらに毛があり、ほふくまたは斜上する。茎の長さは50cmほどになり、四方に広がる。葉身は円形〜腎形で、縁は浅く5〜7裂する。葉身の上面にはまばらに毛があり、下面には密に寝た毛がある。葉の基部は深い心形で、長い葉柄がある。

●**生育型**　ほふく型
●**繁殖器官**　種子
●**主な種子散布方法**　重力によって自然落下する
●**種子以外の繁殖法**　通常は栄養繁殖をしない

ゼニバアオイ

生育中期

開花始め

開花期

牧草地で

双子葉

033 トゲナシムグラ（カスミムグラ）

●アカネ科　● Galium mollugo　●多年生

越冬直後

主に越冬根茎から萌芽し、分枝同士で絡み合う、または作物に寄りかかる。茎は四稜（りょう）があり平滑でとげはない。葉は6、7個輪生し、縁に上向きの毛がある。花はややくすんだ白色で数多くつき、開花期に遠くから見ると、かすみがかかったようにも見える。

果実には2個の種子が並んでつき、表面は無毛。種子の発生深度は2cm程度。寿命は3年以上。牧草地に侵入している。

●生育型　分枝型でほふく茎を持つ
●繁殖器官　根茎、種子
●主な種子散布方法　重力によって自然落下する
●種子以外の繁殖法　根茎が横走し、やや広範囲に広がる

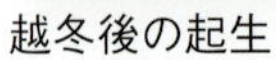

越冬後の起生

生育中期（牧草地で）

類似種との見分け方

ヤエムグラ（G. spurium var. echinospermon）は一年生で、茎に四稜がある。稜上に下向きのとげがあり、葉の裏の主脈や縁にも逆刺（かえり）がある。果実の表面にはかぎ形のとげがある。

着蕾（ちゃくらい）期

開花期

034 メマツヨイグサ

●アカバナ科　● Oenothera biennis　●越冬一年生

実生の芽生え

茎には基部が膨らむ長毛が生え、子房には長毛の他に腺毛が混じる。夏から秋にかけて発生し、ロゼットで越冬して、翌年春から夏に開花する。

種子生産量は1株当たり5,000～10万個。種子には休眠がある。光発芽性。発生深度は5mm程度。土中種子の寿命は数十年。根は直根。

●**生育型**　一時ロゼット型
●**繁殖器官**　種子
●**主な種子散布方法**　風や水で運ばれる
●**種子以外の繁殖法**　通常は栄養繁殖をしない

メマツヨイグサ

実生生育初期（秋まき小麦畑）

生育初期（秋まき小麦畑）

越冬前のロゼット

越冬後のロゼット

生育中期

生育盛期（秋まき小麦畑）

開花期

茎には基部が膨らむ長毛が生え、子房には長毛の他に腺毛が混じる

類似種との見分け方

オオマツヨイグサ（O. erythrosepala）の花は大きく、径が5～7cmになる。茎には剛毛があり、基部が暗赤色で凸点になる長い直毛もある。子房には基部が膨らみ、赤色を帯びた長毛が密生する。

アレチマツヨイグサ（O. parviflora）の子房には基部が膨らみ、赤色を帯びた長毛がまばらに生える。道内の畑地にあるのはほとんどがメマツヨイグサ。

双子葉

035 シロイヌナズナ

●アブラナ科 ● Arabidopsis thaliana ●夏生一年生、越冬一年生

根生葉

越冬後、早春に開花したものは間もなく結実する。地面に落ちた種子は間もなく発芽し、2カ月ほどで1世代が終わり、春から夏まで世代を繰り返す。秋に発生した株の多くはロゼットで越冬し、翌春には開花・結実する。根生葉はロゼット状の長いヘラ形で花期にも残る。茎の下部や葉には単純毛や2分岐毛、星状毛が密生する。雄しべは6本。環境条件による生育量の差が大きく、別種と見間違うほどになる。発生深度はごく浅い。世界で初めてゲノム全体が解読された植物で、実験材料としても名高い。

●**生育型**　偽ロゼット型
●**繁殖器官**　種子
●**主な種子散布方法**　重力によって自然落下する
●**種子以外の繁殖法**　通常は栄養繁殖をしない

開花期

開花期

花。雄しべは６本

開花結実期。水田畦畔（けいはん）で群生

双子葉

036 ハルザキヤマガラシ（フユガラシ）

●アブラナ科　● *Barbarea vulgaris*　●多年生

生育初期

越冬後、晩春には開花する。落下した種子は秋までには出芽し、ロゼットで越冬する。根は直根。根の冠部からも再生する。茎は直立し、茎上部の葉は無柄で、基部は茎を抱く。葉身は羽状に裂け、葉には光沢がある。花は茎の先端に密生し、がく片先端に突起がある。果実は2～3cmの線形で斜上し、先端に残存花柱がある。

種子生産量は1株当たり4万～11万6,000個と多産。光発芽性。開花には低温条件を経過することが必須。コナガ幼虫の摂食阻害物質（ハルザキサポニン）を含有し、抵抗性を示すため、品種改良によってキャベツへの導入が期待されている。

●**生育型**　偽ロゼット型
●**繁殖器官**　種子、根茎
●**主な種子散布方法**　果皮の裂開などによってはじかれる
●**種子以外の繁殖法**　根上部にある根茎から再生する

着蕾（ちゃくらい）期（秋まき小麦畑）

開花期（水田畦畔〈けいはん〉）

開花期（採草地）

がく片の先端に角状突起がある

越冬前（秋まき小麦畑）

越冬直後

結実期

類似種との見分け方

ヤマガラシ（B. orthoceras）にはがく片先端の突起がなく、畑地に侵入することはあまりない。

双子葉 ★

037 ナズナ（ペンペングサ）

●アブラナ科　● Capsella bursa-pastoris　●夏生一年生、越冬一年生

夏生え実生の生育初期

秋と春に発生する。子葉は無毛、本葉は葉面に星状毛があり、緑。新鮮種子には強い休眠があり、発芽しない。夏の高温を経て休眠は破れ、発生する。一部は種子で冬を越し、埋蔵種子と合わせて春にも発生する。発生深度は浅い。

種子寿命は長い。種子生産量は1株当たり2,000～4万個。発芽適温は10～20℃。根は直根だが主根は細く、多くの側根を付ける。

●生育型　偽ロゼット型
●繁殖器官　種子
●主な種子散布方法　重力によって自然落下する
●種子以外の繁殖法　通常は栄養繁殖をしない

ナズナ

夏生えのロゼット

夏生え株の開花期（トウモロコシ畑）

秋まき小麦畑で優占

越冬直後

越冬後のロゼット

越冬株の開花期

花と果実（秋まき小麦畑）

類似種との見分け方

幼植物とロゼットはスカシタゴボウ（p.135）と似ている。スカシタゴボウの幼植物は、無毛で葉柄が紫色っぽい。

双子葉

038 タネツケバナ

●アブラナ科　● Cardamine scutata　●夏生一年生、越冬一年生

実生の芽生え

春～夏に発生した株は、その夏～秋に開花・結実する。夏～秋に発生した株の多くは、越冬し翌春に開花・結実する。湿った土地を好み、水田でも発生する。根生葉はロゼット状の羽状複葉で、花期には残っていないか、枯れかけている。雄しべは6本。

種子生産量は1株当たり約1,300個。落ちた種子は間もなく発芽できる。発生深度は2cm以内。発芽適温は20℃。下部から枝を出す型や、ほとんど枝を出さない型、下部がほふくする型もある。根は直根で、多数の側根がつく。ほぼ無毛で茎下部にだけ毛がある。

●**生育型**　偽ロゼット型
●**繁殖器官**　種子
●**主な種子散布方法**　果皮の裂開などによってはじかれる
●**種子以外の繁殖法**　通常は栄養繁殖をしない

生育初期、本葉も無毛

生育中期

越冬株

開花期

開花・結実

類似種との見分け方

　タチタネツケバナ（p.125）はやや乾燥する場所を好み、茎は細くて直立し、葉や茎に毛がある。根生葉は花期にも残ることが多い。ミチタネツケバナ（C. hirsuta）の茎は無毛、葉の表面にまばらに有毛。根生葉は花期にも残っている。雄しべは４本。山野には似た種類もあるが、通常は畑地に侵入することはない。

花。雄しべは６本

双子葉

039 タチタネツケバナ

●アブラナ科　● Cardamine fallax　●夏生一年生、越冬一年生

実生の芽生え

春～夏に発生した株は、その夏から秋に開花・結実する。夏～秋に発生した株の多くは、越冬し、翌春に開花・結実する。根生葉は花期にも残ることが多い。茎は紫褐色になることが多い。雄しべは6本。落ちた種子は、間もなく発芽できる。発生深度は2cm以内。発芽適温は20℃。やや乾燥する場所を好み、茎が細くて直立し、葉や茎に毛がある。

●**生育型**　偽ロゼット型
●**繁殖器官**　種子
●**主な種子散布方法**　果皮の裂開などによってはじかれる
●**種子以外の繁殖法**　通常は栄養繁殖をしない

タチタネツケバナ

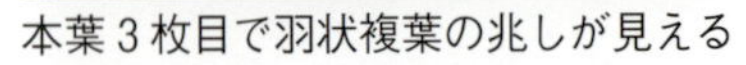

本葉３枚目で羽状複葉の兆しが見える

生育初期。本葉は有毛

越冬後のロゼット

開花期

茎は有毛

花。雄しべは6本

ミチタネツケバナ開花期。茎は無毛、根生葉は枯れずに残っている

ミチタネツケバナの花。雄しべは4本

類似種との見分け方

タネツケバナ（p.122）は湿った土地を好み、下部から枝を出す型や、ほとんど枝を出さない型、下部がほふくする型もある。茎の下部以外は無毛。根生葉は花期には残っていないか、枯れかけている。ミチタネツケバナ（C. hirsuta）の茎は無毛、葉の表面にはまばらに有毛。根生葉は花期にも残っている。雄しべは4本。

双子葉

040 エゾスズシロ(キタミハタザオ)

●アブラナ科 ● *Erysimum cheiranthoides* ●夏生一年生、越冬一年生

実生の芽生え

秋と春に発生する。種子生産量は1株当たり4,000～3万個。発生深度は0～2cmと浅い。根は直根。初めはロゼット状。幼葉の両側に星状毛がある。茎は直立し上部で分枝し、伏した毛で覆われる。葉縁には浅い鋸歯(きょし)がある。果実は四角い棒状で、長さ3cmほど、果柄より長い。

●**生育型** 偽ロゼット型

●**繁殖器官** 種子

●**主な種子散布方法** 果皮の裂開などによってはじかれる

●**種子以外の繁殖法** 通常は栄養繁殖をしない

生育初期

生育中期

開花期

結実期

双子葉

041 グンバイナズナ

●アブラナ科 ● Thlaspi arvense ●夏生一年生、越冬一年生

結実期

秋と春に発生する。初めはロゼット型で、後に茎が立ち上がり、上部で分枝する。根生葉の柄は長く、切れ込みがなく全縁。茎につく葉はやや厚く、長楕円形（だえん）。下部を除いて柄はなく、縁にまばらに低い鋸歯（きょし）があり、基部は茎を抱く。全体に無毛。果実は長さ1～1.5cmほどで、扁平（へんぺい）で先の凹んだ幅広の翼（よく）が全周につき、軍配形になる。

種子生産量は株当たり1,000～2万個ほど。土中種子寿命は10年以上。種子は24時間以上、水に浮いて沈まない。ヒツジに採食されても死なない。開花後数日で発芽可能になる種子もあるが、休眠状態のものが多い。発芽温度は10～30℃。

●**生育型**　偽ロゼット型
●**繁殖器官**　種子
●**主な種子散布方法**　果皮の裂開などによってはじかれる
●**種子以外の繁殖法**　通常は栄養繁殖をしない

双子葉

042 マメグンバイナズナ

●アブラナ科　●Lepidium virginicum　●夏生一年生、越冬一年生

結実期

初めはロゼット型、後に茎は立ち上がり、上方でたくさん分枝する。茎には細毛がある。根生葉と下部の葉は羽状に裂け、上部の葉は線形。花は4枚の小さな白い花弁がある。果実は扁平（へんぺい）、円形。全周で翼（よく）があり、先が少し凹み小さな軍配形になる。種子生産量は1株当たり1,100個ほど。

●生育型　偽ロゼット型
●繁殖器官　種子
●主な種子散布方法　果皮の裂開などによってはじかれる
●種子以外の繁殖法　通常は栄養繁殖をしない

類似種との見分け方

ヒメグンバイナズナ（L. apetalum）は下部の葉も羽状に避けることはない。花は微小な花弁があるか、またはない。果実の翼は周囲の一部にあるだけ。

双子葉

043 イヌガラシ

●アブラナ科 ●Rorippa indica ●夏生一年生、越冬一年生

実生の芽生え

秋と春に発生する。初めはロゼット型。根生葉は葉柄があり、基部近くで羽状に分裂する。茎は立ち上がり、茎葉をつける。茎葉は上部の物ほど小さく、切り込みはなくなる。全体無毛。果実はやや反り返り、長さは20mmほど。

根の切片による再生が可能。図鑑によっては多年生とするものもあるが、耕地ではあまり多年生らしくない。種子生産量は多いと1株当たり1万4,000個ほどになる。

●**生育型**　偽ロゼット型
●**繁殖器官**　種子、根
●**主な種子散布方法**　果皮の裂開などによってはじかれる
●**種子以外の繁殖法**　通常は栄養繁殖をしない

生育初期はロゼット型

越冬前

開花・結実期

花

果実。やや反り返り、長さは 20mm くらい

類似種との見分け方

発生時期が近いスカシタゴボウ（p.135）と似ている。成植物では、イヌガラシは葉の基部に近い所に切れ込みができ、スカシタゴボウは葉身全体で切れ込む。ただし、スカシタゴボウには変化が多く、切れ込みの少ない場合もある。果実はイヌガラシではやや反り返り、長さ 20mm くらい。スカシタゴボウは俵状で短く 5〜7mm。

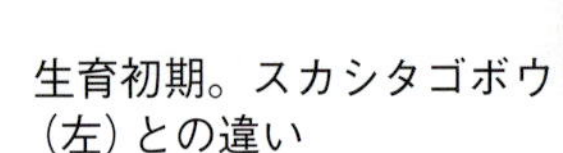

生育初期。スカシタゴボウ（左）との違い

双子葉 ★

044 スカシタゴボウ

●アブラナ科 ●*Rorippa palustris* ●夏生一年生、越冬一年生

実生の芽生え

●**生育型** 偽ロゼット型
●**繁殖器官** 種子、根
●**主な種子散布方法** 果皮の裂開などによってはじかれる
●**種子以外の繁殖法** 耕起などで根が裁断されると再生する

早春から秋まで発生。春に発生した株はその夏に、夏以降に発生した株の多くはロゼットで越冬後、開花・結実する。

種子生産量は1株当たり1万3,000〜1万8,000個。種子には弱い休眠があるが、成熟直後でも、変温・光条件で容易に発芽する。年2世代更新が可能。暗黒下ではほとんど発芽せず、地表面のごく浅い所から発生する。

発芽適温は20〜25℃。寿命は土中で2年くらい。4年半後の生存が10%以下の例がある。根は直根で太く、たくさんの不定芽があり、切断するとそれぞれから再生する。秋耕で直根が地表に露出しても生き残り、春耕後にこの根から再生し大きな株になる。なお、「スカシ／タゴボウ」で、「スカシタ／ゴボウ」ではない。

スカシタゴボウ

生育初期はロゼット型

生育中期（ブロッコリー畑）

開花始め

開花期（春まき小麦畑）

越冬後、切断された根の不定芽からも再生する

類似種との見分け方

成植物では、スカシタゴボウは葉身全体で切れ込むが、イヌガラシ（p.132）は葉の基部に近い所で切れ込みができる。ただし、スカシタゴボウは変化が多いため、切れ込みの少ない場合もある。果実は、スカシタゴボウは俵状で短く5～7mm。イヌガラシはやや反り返り、長さ20mmくらい。

結実期（大豆畑）

越冬前

葉の形。キレハイヌガラシ（右、p.138）との違い

双子葉 ★

045 キレハイヌガラシ（ヤチイヌガラシ）

●アブラナ科 ●*Rorippa sylvestris* ●多年生

横走根からの萌芽

●**生育型** 偽ロゼット型

●**繁殖器官** 根、種子

●**主な種子散布方法** 果皮の裂開などによってはじかれたり、重力によって自然落下する

●**種子以外の繁殖法** 横走根が伸び、広範囲に広がる

春から秋まで根の不定芽から萌芽し、春に萌芽したものは夏には抽台・開花する。全体ほぼ無毛。初めはロゼット型。茎は直立あるいは基部が倒伏し、多くの枝を分ける。葉は羽状に深裂する。花は黄色で、イヌガラシ類の中では大きく目立つ方だが、あまり結実することはない。

地中5cmほどの所を横に伸びる横走根と、地上茎とをつなぐ垂直根がある。横走根には1～5mm間隔に不定芽があり、ロータリ耕で細断されたり、ホーなどで削られたりすると盛んに萌芽し、激しく増殖する。草丈4cm、横走根長15cmの株は、30cm深に埋められても萌芽する。

萌芽後、生育初期。2株がくっついて萌芽した

着蕾（ちゃくらい）期

開花期

越冬後

花

結実期

類似種との見分け方

外見はスカシタゴボウ（p.135）に似ている。スカシタゴボウは葉の羽状裂片がつながり、直根で横走根がなく、果実も俵型で太いので区別できる。しかし抜けた根の不定芽からも芽が出るので誤認することがある。

季節を問わず萌芽する（金時畑）

横走根にはたくさんの不定芽があり、根と垂直茎を出す

双子葉

046 オオチドメ（ヤマチドメ）

●ウコギ科（セリ科）　● Hydrocotyle ramiflora　●多年生

前年のほふく茎から萌芽始め

牧草地でスポット状に広がることがある。茎の節からひげ根を出す。葉は円形で7～9裂。裂け方は浅く、基部の両縁は接近し、重なる。花軸は葉より高い。裏面脈状に毛がある。

●**生育型**　ほふく型
●**繁殖器官**　種子、ほふく茎
●**主な種子散布方法**　重力によって自然落下する
●**種子以外の繁殖法**　地表にほふく茎を伸ばして広がる

オオチドメ

生育初期。前年のほふく茎でつながっている

生育盛期

開花期

群生

結実期

ほふく茎からの萌芽・発根

双子葉

047 オオバコ

●オオバコ科 ● *Plantago asiatica* ●多年生

実生生育初期

●**生育型** ロゼット型

●**繁殖器官** 種子、根茎

●**主な種子散布方法** 人や動物に着いて運ばれたり、重力によって自然落下する

●**種子以外の繁殖法** 根上部にある短く詰まった根茎から再生する

茎は地下にあり、太く短い根茎になる。根は太めのひげ根が多数出る。葉は全て根生葉で、放射状に地面に広がる。

果実中の種子は4～6個。種子の発芽適温は25℃で、冬季の低温に遭うと10～25℃に拡大する。種子からの発生は春から秋まで。越冬後、翌夏に開花・結実する。根茎の再生力は強く、地上部が刈られてもすぐに再生する。種子はぬれると粘着力を持ち、人の足などに着いて拡散する。踏圧に耐える。牧草地で発生。

生育中期

開花期

親株の周りに実生が密生

花

太いひげ根

エゾオオバコ。白い毛が密生

セイヨウオオバコの結実期

類似種との見分け方

ヘラオオバコ（p.147）は葉が細い。エゾオオバコ（P. camtschatica）は白色の毛が多い。セイヨウオオバコ（P. major）は大型。果実中の種子数は、ヘラオオバコは2個、セイヨウオオバコは8〜十数個。

双子葉

048 ヘラオオバコ

●オオバコ科 ●*Plantago lanceolata* ●多年生

越冬直後

●**生育型** ロゼット型

●**繁殖器官** 種子、根茎

●**主な種子散布方法** 人や動物に着いて運ばれたり、重力によって自然落下する

●**種子以外の繁殖法** 根上部にある短く詰まった根茎から再生する

茎は太い根茎になる。葉は全て根生葉で、ヘラ形。萌芽後、初夏には抽台し結実する。落下した種子の多くは間もなく発芽し、冬までに越冬態勢を整える。

果実の中の種子は2個。発芽せず、土中に埋まった種子は休眠に入り、光によって打破される。土中の種子寿命は5年程度だが、16年の報告もある。地上部が削られても、根茎から再生する。根茎は3~4cmの長さで再生力を持つ。個体群の半減期は約3.2年という。ただし12年生きたという観察もある。牧草地に多い。

畑地雑草
双子葉

ヘラオオバコ

萌芽後の生育初期

萌芽後のロゼット

開花期

開花期の花茎（水田畦畔〈けいはん〉）

花穂。下から上に咲き上がる雌ずい先熟

類似種との見分け方

オオバコ（p.144）はほぼ無毛。エゾオオバコ（P. camtschatica）は白色の毛が多い。セイヨウオオバコ（P. major）は大型。果実中の種子数は、オオバコで4〜6個、セイヨウオオバコは8〜十数個。

上から見た花穂

双子葉

049 オオイヌノフグリ

●オオバコ科（ゴマノハグサ科） ● *Veronica persica* ●夏生一年生、越冬一年生

実生の芽生え

春と秋に発生する。春に発生したものは秋に開花し、秋に発生したものは越冬後の早春に開花・結実する。茎は地面を這う。花柄は長い。

種子生産量は1株当たり約350個。成熟後数カ月間は休眠状態にある。発芽温度は5～35℃、適温は20℃。発生深度は0～0.5cmと浅い。土中の寿命は6年以上。養水分の競争力は強い。

●生育型 ほふく型で分枝茎を持つ
●繁殖器官 種子
●主な種子散布方法 重力によって自然落下する
●種子以外の繁殖法 茎が地上を這（は）い、節から根を下ろすが、通常は栄養繁殖をしない

開花始期

開花期

花。雄しべは２本で、花柄は長い

果実。オオイヌノフグリの和名の由来である

タチイヌノフグリの花。花柄は極めて短い

類似種との見分け方

タチイヌノフグリの草姿は立型で、花柄はごく短く、花は小さい。

050 カタバミ

●カタバミ科　● *Oxalis corniculata*　●多年生

実生の芽生え。本葉第一葉から3枚の小葉がある

農期間中にわたって発生、開花する。種子は落ちると間もなく発芽できる。実生は第一本葉から3枚の小葉があり、成葉と同じ。茎にも葉にも細かい毛がある。地表を這(は)うほふく茎が地面と接すると、節から発根し繁殖する。

発芽適温は20℃くらい。明条件でよく発芽する。根は直根で、垂直に深く伸びて肥厚する。抜こうとすると地際でちぎれ、再生する。葉柄基部に耳型の托葉(たくよう)が2個ある。3枚の葉は昼間は開き、夜には閉じる。変異が多く、赤紫色になるものもあり。「アカカタバミ（f. rubrifolia）」「ウスアカカタバミ（f. atropurpurea）」などの品種に分けられている。

- **生育型**　ほふく型で分枝茎を持つ
- **繁殖器官**　種子、ほふく茎
- **主な種子散布方法**　果皮の裂開などによってはじかれたり、動物に着いて運ばれる
- **種子以外の繁殖法**　地表にほふく茎を伸ばして広がる

実生の生育初期

生育中期（秋まき小麦畑）

開花期（トウモロコシ畑）

葉柄基部に耳型の托葉がある

ほふく茎から発芽・発根する

アカカタバミの開花期

エゾタチカタバミの開花期

類似種との見分け方

エゾタチカタバミ（O. stricta）の根は細く、根茎が発達する。地上茎は横に這(は)い、先で立ち上がり 10〜30cm になる。托葉(たくよう)は目立たない。

双子葉

051 セイヨウノコギリソウ

●キク科　● *Achillea millefolium*　●多年生

実生の芽生え

根茎が横に這(は)い、子株を多数出す。根茎は1年に20cmほど伸びる。切片による繁殖も旺盛。中央の筒状花(とうじょうか)は両性。周りの舌状花(ぜつじょうか)は雌性。越冬後、早春から萌芽し、夏に開花・結実する。

種子生産量は3,000〜4,000個。種子には短期間の休眠がある。光発芽性で、発生深度は3cm以内。種子の寿命は、土壌中で18年という報告がある。根は深く、耐干性がある。pH4.8〜8で生育し、土壌の適応性は広い。芳香があり、乳牛が採食すると牛乳に臭いが残る。多量に食べると有害。適量であればヒツジの飼料として有効。変異が多く、類似種も多いが、牧草地で旺盛に繁茂するのは本種。

●**生育型**　偽ロゼット型

●**繁殖器官**　根茎、種子

●**主な種子散布方法**　重力によって自然落下する

●**種子以外の繁殖法**　根茎が横走し、親株の近く〜やや広範囲に広がる

実生の生育初期

生育初期のロゼット期

萌芽後の生育中期

着蕾（ちゃくらい）期

根茎で増殖

花の色は白〜淡赤。筒状花は両性。舌状花は雌性

ノコギリソウ

類似種との見分け方

ノコギリソウ（A. alpina var. longiligulata）の頭花中央の筒状花（とうじょうか）は5〜7個で、セイヨウノコギリソウは8〜10個。葉は1回羽状複葉で、セイヨウほど細かくない。

双子葉

052 ブタクサ

●キク科 ● *Ambrosia artemisiifolia* ●夏生一年生

実生の芽生え

春に発生し、夏に開花・結実する。草丈は30cmほどで、白い毛が密生する。葉は羽状に2回裂け、裂片は細い。

種子生産量は1株当たり3万2,000～6万2,000個。成熟直後の種子には休眠がある。5.5cm深でも発生可能。土中種子の寿命は39年以上の例がある。pH6～7で生育良好。枝先に雄性花序を立ち上げ、雄性頭花を総状につける。雄性頭花は下垂し、中に筒状花(とうじょうか)を12～15個ほどつける。雄性花序の下方の葉腋(ようえき)に、雌性頭花を数個つける。花粉量が多く、軽いので風に運ばれやすいため、花粉症の原因になる。

●**生育型**　直立型
●**繁殖器官**　種子
●**主な種子散布方法**　重力によって自然落下する
●**種子以外の繁殖法**　通常は栄養繁殖をしない

ブタクサ

生育初期

生育中期（馬鈴しょ畑）

密生

着蕾（ちゃくらい）期（そば畑）

開花期（そば畑）

類似種との見分け方

オオブタクサ（A. trifida）は草丈1～3mになり、葉は手のひら状に3または5裂する。裂片は幅広く、先はとがる。ブタクサは30～80cmで、葉は羽状に裂ける。

花。上方に雄性頭花、下方に雌性頭花

双子葉 ★

053 イヌカミツレ

●キク科　● Tripleurospermum maritimum subsp. inodorum　●夏生一年生、越冬一年生

実生の芽生え

秋まき小麦畑では、小麦の出芽と前後して発生。ロゼットで越冬する。一部は春になってから発生する。小麦の出穂期ごろから開花し、収穫期には結実している。

収穫作業時に種子が畑に散布される。直後の種子はよく発芽し、連作時の耕起前や秋耕前に多く出芽する。耕起時に、幼植物や未発芽の種子は埋め込まれるが、土中にある多くの種子が地上近くに戻り、発生する。この発生を防ぐことが重要になる。

種子生産量は1株当たり1万～20万個。発芽温度は最高35℃、最適20℃、最低2～5℃。土中種子の寿命は5～20年。発生深度は1cm以内で、2cmより深い所からの発生は困難。

●**生育型**　初め一時ロゼット型で、分枝型に変わる
●**繁殖器官**　種子
●**主な種子散布方法**　重力によって自然落下する
●**種子以外の繁殖法**　通常は栄養繁殖をしない

生育初期

秋まき小麦畑で越冬前

秋まき小麦畑で越冬後、根生葉を広げ、立ち上がり始める

着蕾（ちゃくらい）期

ごく多発の秋まき小麦畑

秋まき小麦収穫後は秋耕が必須

開花期

花床に鱗片なし

類似種との見分け方

イヌカミツレは、カミツレモドキ(p.165)のような変な臭いはしない。葉の裂片の幅がカミツレモドキより狭く、幼植物でも区別できる。花茎上部は無毛、カミツレモドキは毛が密にある。花床に鱗片(りんぺん)がなく、カミツレモドキにはある。花を分解するとはっきり区別できる。

双子葉

054 カミツレモドキ

●キク科 ● Anthemis cotula ●夏生一年生、越冬一年生

実生の芽生え

秋まき小麦畑などで、外見も生育の様子もイヌカミツレ（p.162）とよく似ている。有毛。土壌中の種子寿命は30年に及ぶこともある。pH2～8で発芽し、pH4.5が最適。葉をちぎると変な臭いがする。

●生育型　初め一時ロゼット型で分枝型に変わる
●繁殖器官　種子
●主な種子散布方法　重力によって自然落下する
●種子以外の繁殖法　通常は栄養繁殖をしない

カミツレモドキ

生育初期

ロゼットで越冬する

越冬後、根生葉を広げ、立ち上がり始める

開花期

多発圃場（秋まき小麦）

イヌカミツレの茎葉

カミツレモドキの茎葉

花床に鱗片あり

類似種との見分け方

変な臭いはイヌカミツレ（p.162）ではしない。葉の裂片の幅がイヌカミツレより広く、幼植物でも区別できる。花茎上部に毛が密にある。イヌカミツレは無毛。カミツレモドキの花床には鱗片（りんぺん）があり、イヌカミツレにはないので、花を分解するとはっきり区別できる。

双子葉

055 オオヨモギ（エゾヨモギ）

●キク科 ●*Artemisia montana* ●多年生

実生生育初期

夏から初秋に開花・結実し、種子を落とす。葉は羽状に深裂し、裏には白毛が密生し、基部に小葉片（仮托葉（たくよう））はないか、あっても小さくて目立たない。頭花は多数つき、小花は筒状花（とうじょうか）だけ。圃場周辺に多く、種子はあまり遠くへは飛ばないにもかかわらず、畑地に定着することがある。定着した株は根茎を数多く出して横走し、先端に芽をつけて繁殖する。他の地下茎型草種と同様に、定着すると根絶は難しい。個体数が少ないうちは、丁寧に抜き取る。花粉症の原因植物。同属の植物は多種あり、牧草地に侵入することがある。生態も似ている。

●**生育型**　一時ロゼット型
●**繁殖器官**　種子、根茎
●**主な種子散布方法**　重力によって自然落下する
●**種子以外の繁殖法**　根茎が横走し、親株の近く～やや広範囲に広がる

実生生育中期（秋まき小麦畑）

大豆畑で

生育盛期（草地）

秋まき小麦収穫後

花。筒状（とうじょう）花のみで舌状（ぜつじょう）花はない

開花期

仮托葉はないか、あっても小さくて目立たない

類似種との見分け方

オトコヨモギ（p.171）は全体がほぼ無毛。ヨモギ（A. princeps）には葉柄の基部に仮托葉と呼ばれる小葉片があり、目立つ。もともとは本州産で、道南を中心に道内にも点在する。

双子葉

056 オトコヨモギ

●キク科 ● Artemisia japonica ●多年生

根茎からの萌芽

全体がほぼ無毛。葉はさじ形またはくさび形で、不規則で深くはない切れ込みがあり、基部に小葉片（仮托葉（たくよう））がある。上部の葉は小さく線形、鋸歯（きょし）はない。

●**生育型**　一時ロゼット型

●**繁殖器官**　種子、根茎

●**主な種子散布方法**　重力によって自然落下する

●**種子以外の繁殖法**　根茎が短く分枝し、親株の近くに広がる

萌芽株の生育期（草地）

類似種との見分け方

オオヨモギ（p.168）は有毛で、葉の裏には白毛が密生する。

開花期（トウモロコシ畑）

双子葉

057 トキンソウ

●キク科　● Centipeda minima　●夏生一年生

開花期

土中に50年間埋設された種子でも発芽する場合がある。全体無毛。茎は分枝して地上を這(は)い、土に接した節から根を出し、先端は立ち上がる。全体に肉質、葉身の上方に1～2対の鋸歯(きょし)がある。頭花は葉腋(ようえき)につき、中心部に10個ほどの両性の、周辺部に雌性の筒状花(とうじょうか)が多数つく。やや湿った畑地に発生しやすい。

●**生育型**　分枝型でほふく茎を持つ
●**繁殖器官**　種子
●**主な種子散布方法**　重力によって自然落下する
●**種子以外の繁殖法**　通常は栄養繁殖をしない

トキンソウ

開花期

双子葉 ★

058 セイヨウトゲアザミ

●キク科 ●Cirsium arvense ●多年生

実生の芽生え

●**生育型** 一時ロゼット型
●**繁殖器官** 根、種子
●**主な種子散布方法** 風や水で運ばれる
●**種子以外の繁殖法** 横走根が伸び、広範囲に広がる

鋸歯(きょし)の先が鋭いとげになっており、家畜は食べず、敷草に混入することを嫌う。雌雄異株。夏に開花・結実する。種子に冠毛はあるが、取れやすく、ほとんどが10m以内に落ちる。ただし2%の種子が1km離れた所まで飛んだという観察例もある。ヒツジが採食しても、発芽に影響はなかった。

種子の休眠は浅く、間もなく発芽し、ロゼットとなって越冬する。種子生産力は1株当たり4,000〜5,000個。種子は光発芽性で、発生深度は浅く0.5〜1.5cm。裸地では出芽するが、牧草に覆われた所では出芽しにくい。寿命は土壌中で20年以上。横走根による繁殖も旺盛。横方向には年に12m以上伸び、多数の不定芽が形成され、萌芽発根する。長さ10cmの切片で、深さ20cmから萌芽した。25mmの切片で、深さ50cmから萌芽したという例もある。道内でも、刈り取りや除草剤処理の試験例はあるが、駆除は難題である。

実生の生育初期

春の横走根からの萌芽

萌芽後はロゼットを形成

立ち上がる

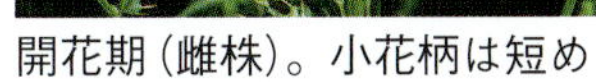
開花期（雌株）。小花柄は短め

開花期の多発放牧草地

類似種との見分け方

p.180のエゾノキツネアザミの項参照。

多発放牧草地

地中に横走根が伸びて増殖

双子葉

059 エゾノキツネアザミ

●キク科　● Cirsium setosum　●多年生

芽生え（たまねぎ苗床）

生育の様子や外観は、セイヨウトゲアザミ（p.175）と似ている。雌雄異株で、頭花の総苞片（そうほうへん）は圧着すること、牧草地に多いことも同じ。

- **生育型**　一時ロゼット型
- **繁殖器官**　種子、根茎
- **主な種子散布方法**　風や水で運ばれる
- **種子以外の繁殖法**　横走根が伸び、広範囲に広がる

生育初期（新播チモシー草地）

春の横走根からの萌芽

萌芽後はロゼットを形成。横走根が広がっている

草丈 50cm ほどでもつぼみをつける（トウモロコシ畑）

通常は草丈150cmほど

類似種との見分け方

セイヨウトゲアザミ（p.175）に似ている。セイヨウトゲアザミは幼植物でもとげがきつく、開花期は7～8月。花柄は短く、全体に無毛、葉は無柄で茎に流れる。エゾノキツネアザミのとげはそれほどきつくはなく、開花期は8～9月。花柄は長い。茎葉全体にクモ毛があり、葉は短くても葉柄がある。自然交配があるといわれており、どっちつかずの中間型もある。

開花期。小花柄は長め

開花期（雄株）。小花柄は長い

雄花

双子葉 ★

060 アメリカオニアザミ

●キク科　● Cirsium vulgare　●越冬一年生

実生の芽生え

放牧草地で強害。茎葉にあるとげが強く、家畜は近づかない。近年、全道の牧草地、公園緑地などにも広がっている。花は奇麗なため、とげがあっても温存されることがある。

生育は旺盛。秋に発生し、ロゼットで越冬、夏に開花・結実する越冬一年生が基本。秋に開花・結実することもあり、夏生一年生と見なせる場合もある。ただし種子に発芽能力があるかどうかは知られていない。着蕾(ちゃくらい)期ごろまでに地際で刈り取ると再生しない。地上10cmで刈り取った場合は、腋芽(えきが)が成長し、開花する。どちらの場合も刈り取り上部を放置するとなかなか枯れず、開花してしまう。枯れてもとげの威力は残り、処置は厄介。種子は暗条件で発芽しやすい。

●**生育型**　初め一時ロゼット型で分枝型に変わる

●**繁殖器官**　種子

●**主な種子散布方法**　風や水で運ばれる

●**種子以外の繁殖法**　通常は栄養繁殖をしない

アメリカオニアザミ

実生の生育初期

ロゼットで越冬する

越冬直後

越冬株が立ち上がる

着蕾（ちゃくらい）期（秋まき小麦畑）

開花期

果実。風に運ばれる

多発生の放牧草地

双子葉

061 ヒメジョオン

●キク科 ● Erigeron annuus ●越冬一年生

芽生え

主に夏から秋に発生し、ロゼットで越冬する。翌春に立ち上がり、夏に開花・結実。茎に長毛が散生。根生葉は花期には残らない。花柄や総苞片（そうほうへん）に長毛がまばらにある。頭花の筒状花（とうじょうか）が占める直径より、舌状（ぜつじょう）部の長さの方が明らかに長い。

種子には休眠がない。種子生産量は1株当たり5万個に達することがあり、種子の寿命も35年に及ぶことがある。土地を選ばない。パラコートに抵抗性のタイプがあるが、パラコートが使用されることはないので気にしなくてよい。

●**生育型**　一時ロゼット型
●**繁殖器官**　種子
●**主な種子散布方法**　風や水で運ばれる
●**種子以外の繁殖法**　通常は栄養繁殖をしない

生育初期

越冬前のロゼット

越冬後のロゼット

生育中期

開花期（根生葉は枯れている）

開花期（秋まき小麦畑）

類似種との見分け方

ハルジオン（p.187）は多年生で、茎は中空、横走根が発達する。花期にも根出葉が残る。ヘラバヒメジョオン（E. strigosus）は、ヒメジョオンよりも乾いた土地を好む。葉はヘラ形で全縁、茎に上向きの圧毛がある。頭花の筒状花(とうじょうか)が占める直径が、舌状(ぜつじょう)部の長さとほぼ同じ。

花

ヘラバヒメジョオンの開花期

双子葉

062 ハルジオン

●キク科　● Erigeron philadelphicus　●多年生

秋ロゼット。群生しやすい

種子には休眠がなく、地面に落ちた種子は秋には出芽。横走根から萌芽した株と同じようにロゼットを形成し、越冬する。翌春、越冬したロゼットから立ち上がり、初夏には開花する。花期にも根生葉が残る。茎は中空で、長い軟毛がある。つぼみはうなだれるようにつき、開花時には上を向く。その後、地上部は枯れるが、地表近くを横走する根の不定芽から、新しいロゼットを多数形成して越冬する。根生葉は、主脈が目立ち、表面に白い毛がある。

●生育型　偽ロゼット型
●繁殖器官　種子、根
●主な種子散布方法　風や水で運ばれる
●種子以外の繁殖法　横走根が伸び、周囲に広がる

開花期。根生葉は残る

花

類似種との見分け方

ヒメジョオン（p.184）は越冬一年生。花期には根生葉が枯れる。茎は中実。

茎は中空。軟毛あり

横走根から萌芽するとともに、新たに横走根を出す

双子葉 ★

063 ヒメムカシヨモギ

●キク科　●*Erigeron canadensis*　●夏生一年生、越冬一年生

芽生え生育初期（たまねぎ苗床）はロゼット型

主に夏から秋に発生し、ロゼットで越冬する。翌春に立ち上がり、初夏には開花・結実。春に発生し、晩秋に開花・結実するものもある。茎と葉の縁に開出毛がある。

種子生産量は膨大（1株当たり数万個）で、1株当たり80万個の例もある。成熟直後に発芽可能。時間がたつにつれ発芽率は低下し、冬季の低温でさらに低下する。一方、土中で112年生存の例もある。光発芽性で、発生深度は1.5cm以内。20～30℃で光が当たる条件では、一斉に発芽する。耐干性が大きい。外国の例では、本種の大発生により、てん菜が64％減収したこともあるとされている。

●生育型　一時ロゼット型
●繁殖器官　種子
●主な種子散布方法　風や水で運ばれる
●種子以外の繁殖法　通常は栄養繁殖をしない

ヒメムカシヨモギ

生育初期（秋まき小麦畑）

伸長期（秋まき小麦畑）

着蕾（ちゃくらい）期

開花期

花

結実期

茎と葉の縁に開出毛あり

双子葉

064 ヒメチチコグサ（エゾノハハコグサ）

●キク科
● Gnaphalium uliginosum　●夏生一年生、越冬一年生

芽生え～生育初期

春から夏に発生し、夏から秋に開花・結実する。夏から秋に発生し、春から夏に開花・結実するものもある。全体が白い綿毛で覆われ、白っぽく見える。茎はやや軟弱で、よく分枝する。葉はヘラ形～線形。頭花は、枝先に密集する。頭花の中央に両性の筒状花（とうじょうか）が、周辺に雌性の舌状花（ぜつじょうか）がつく。

種子生産量は1株当たり100～500個ほど。種子の寿命は土壌中で50年以上の場合もある。多湿地に多い。在来種、帰化種の両説あり。

●**生育型**　直立型とほふく型がある
●**繁殖器官**　種子
●**主な種子散布方法**　風や水で運ばれる
●**種子以外の繁殖法**　通常は栄養繁殖をしない

生育中期

着蕾（ちゃくらい）期（秋まき小麦畑）

開花期

結実期（草地）

双子葉

065 キクイモ

●キク科 ● Helianthus tuberosus ●多年生

春の萌芽期

根茎が伸び、その先に塊茎をつくる。翌春、この塊茎から萌芽し、秋遅くに開花する。種子はできにくい。下部の茎葉は互生し、先がとがる。縁にまばらに鋸歯(きょし)があり、基部はくさび形。3脈が明瞭で両面に短毛が生え、葉柄には翼(よく)がある。茎は硬い毛が多くざらつき、舌状花(ぜつじょうか)の先端が小さく3裂するなどの特徴が挙げられるが、いずれも変異の幅が大きい。食用や家畜の飼料用に栽培された。畝1m当たり4本の発生で、トウモロコシは16〜25%、大豆は54〜91%減収したという例もある。

●**生育型** 直立型
●**繁殖器官** 種子、塊茎
●**主な種子散布方法** 重力によって自然落下する
●**種子以外の繁殖法** 根茎が短く分枝し、先端に塊茎をつくる

生育初期

生育中期（小豆畑）

生育初期～中期。伸長し始める（トウモロコシ畑）

キクイモ

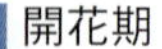
開花期

類似種との見分け方

イヌキクイモ（H. strumosus）は塊茎が小さく、栽培には使われない。開花期はキクイモより１カ月ほど早い。茎の下部につく葉が対生するなど、キクイモとの違いがあるとされるが、判然としない。「従来イヌキクイモとされてきた観察例は、その多くがキクイモの変異内だ」と解説される例もある。

花

双子葉

066 ブタナ

●キク科 ● *Hypochaeris radicata* ●多年生

実生の芽生え

●**生育型** ロゼット型

●**繁殖器官** 種子、根茎

●**主な種子散布方法** 風や水で運ばれる

●**種子以外の繁殖法** 根茎が短く分枝し、親株の近くに広がる

定着し越冬した株は、夏に抽台・開花し、結実する。飛散した種子は間もなく発芽し、ロゼットとなって越冬する。結実後、花茎が枯れ、根に栄養分を蓄えロゼットで越冬する。幼植物でも葉の両面に毛が密生し、葉の厚みがある。葉は根生葉だけ。茎は花茎状で、鱗片葉(りんぺん)を幾つか互生する。1～3本ほどの分枝を出し、いずれにも頭花を1つつける。基部以外は無毛。地下2～3cmの所に新しい芽を形成して繁殖することもある。

種子生産量は1頭花当たり約140個、1株当たり約2,300個。発芽率は、成熟直後で68%、室内保存すると1カ月後58%、2カ月後4%に低下した例がある。地表刈り取りでは再生する。踏み付けに耐性がある。

ロゼットで１回目の冬を迎える

経年株の越冬前

越冬直後

越冬後、間もなく花茎を立ち上げる

開花期

開花期（秋まき小麦登熟期）

果実

越冬後のコウリンタンポポ（左）とブタナ

類似種との見分け方

越冬後のロゼットは、コウリンタンポポ（p.217）と似ている。ブタナの根生葉は厚みがあり、光沢もある。葉縁に鋸歯（きょし）がある。コウリンタンポポは厚みと光沢がなく、鋸歯もなくほぼ全縁。

双子葉

067 イワニガナ（ジシバリ）

●キク科 ●*Ixeris stolonifera* ●多年生

越冬後のほふく茎から萌芽

茎は細長く、地表をほふく伸長し、節から根を出して株をつくる。さらに、そこからほふく茎を出し、次々に増殖していく。葉は薄く卵形または楕円（だえん）形で全縁。長い葉柄がある。長さ10cmほどの細い花茎の先端に1～3個の頭花をつける。頭花はすべて両性の舌状花（ぜつじょうか）。

種子は夏～秋に発芽し、ほふく茎を残して越冬する。翌春、越冬したほふく茎から萌芽し、初夏～夏に開花・結実し、越冬する。ほふく茎の伸長は1年で50～70cmに達する。切片による再生力は旺盛で、耕運による切片の拡散による増殖が激しい。

●**生育型**　偽ロゼット型でほふく茎を持つ
●**繁殖器官**　種子、ほふく茎
●**主な種子散布方法**　風や水で運ばれる
●**種子以外の繁殖法**　地表にほふく茎を伸ばして広がる

萌芽後の生育初期

越冬後のほふく茎から萌芽

葉は薄く卵形または楕円形で全縁

開花期。花は頭状花で、筒状（とうじょう）花はなく舌状花のみ

双子葉

068 トゲチシャ

●キク科　●Lactuca serriola　●夏生一年生、越冬一年生

生育初期（にら畑）

根は直根で長いが抜きやすい。茎はロゼットから直立し、無毛。葉は初めロゼット型で、根生葉は花期には枯れる。無柄で、基部は茎を抱き、葉縁や裏面の主脈上に鋭いとげがある。葉身は深くまたは浅く羽状に分裂する形としない形がある。茎の上部で多数分枝し、多数の頭花がつく。頭花は舌状花（ぜつじょうか）だけで、朝に開いて昼には閉じる。

種子は採取個体によって長期間の休眠を示すものや、採取直後に20℃の暗条件で92%の発芽率を示すものもあるとされる。葉が分裂しないものを品種「マルバトゲチシャ（L. serriola f. integrifolia）」という。

●生育型　一時ロゼット型
●繁殖器官　種子
●主な種子散布方法　風や水で運ばれる
●種子以外の繁殖法　通常は栄養繁殖をしない

生育中期

生育盛期

秋まき小麦収穫後

茎葉。鋸歯（きょし）は鋭いとげになる。裏の中肋（ちゅうろく）にもとげが列生する

トゲチシャ

花は舌状花だけ。朝に開いて昼には閉じる

開花結実期

マルバトゲチシャ
(秋まき小麦収穫後)

マルバトゲチシャの葉には切れ込みがない

双子葉

069 ナタネタビラコ

●キク科　● Lapsana communis　●夏生一年生、越冬一年生

芽生え

秋と春に発生する。幼植物の葉は全縁(ぜんえん)またはわずかに鋸歯(きょし)あり、葉面や長い葉柄に毛がある。成植物の葉は、下方のものは有柄で、羽状に深裂し、頂裂片が特に大きい。中部以上の葉は羽裂せず、波状の鋸歯がある。上方の葉は、無柄で細い。葉面には縮れた毛があり、下面の脈上に多い。茎は直立し、無毛または下部だけ有毛。頭花には 8～12 個の舌状花(ぜつじょうか)がある。果実は、無毛で冠毛もない。

種子生産量は 1 株当たり 400～800 個。種子の寿命は、室温で 3～5 年、土中では 18 年の例あり。

●生育型　直立型
●繁殖器官　種子
●主な種子散布方法　重力によって自然落下する
●種子以外の繁殖法　通常は栄養繁殖をしない

ナタネタビラコ

芽生え～生育初期

越冬前

越冬後

伸長期

開花期（秋まき小麦畑）

開花期（大豆畑）。越冬株の生き残り

結実期。種子に冠毛はない

花序

双子葉

070 フランスギク

●キク科 ●Leucanthemum vulgare ●多年生

越冬後、根茎から萌芽

越冬後、ロゼットから茎が立ち、粗い毛がある。基部近くで分枝し、上方では分枝しない。根生葉には長い柄があり、茎につく葉は無柄でヘラ形、基部は少し茎を抱く。頭花が枝の先に1個つく。初夏〜夏に開花。白い舌状花(ぜつじょうか)は雌性、中央の黄色い筒状花(とうじょうか)は両性。

種子に冠毛はなく、成熟して間もなく発芽可能だが翌春の発芽が多いという。種子生産量は1株当たり2,000〜2,700個くらい。種子の寿命は39年に及ぶ場合もある。根茎からもよく萌芽し、ロゼットを形成して越冬する。

●**生育型** 一時ロゼット型
●**繁殖器官** 種子、根茎
●**主な種子散布方法** 重力によって自然落下する
●**種子以外の繁殖法** 根茎が横走し、やや広範囲に広がる

立ち上がる

着蕾（ちゃくらい）期

開花期（採草地）

類似種との見分け方

マーガレットと呼ばれることもあるが、マーガレットは園芸種モクシュンギク（Argyranthemum frutescens）の別名で、逸出し野生化したという報告は聞かない。また、北海道の露地では越冬できないとされているので、フランスギクと誤認する心配もない。フランスギクの花はちょっと臭いが、モクシュンギクの花は無臭または薄く良い香りがするとされている。

群生（草地）

花。周囲の舌状（ぜつじょう）花は雌性、筒状（とうじょう）花は両性

根茎で越冬し、春に節から地上茎を立てる

双子葉

071 コシカギク（オロシャギク）

●キク科　● Matricaria matricarioides　●夏生一年生、越冬一年生

芽生え

春と秋に発生。根生葉をロゼット状に広げ、ほぼ無毛の茎が立ち、基部から分枝する。葉は3回羽状に深裂し、裂片は線形で先はとがる。裸地での草高は20 cmほどだが、小麦などの中にあると高くなる。越冬株は、初夏に開花・結実する。数多く分枝した茎の先端に頭花をつける。頭花は筒状花（とうじょうか）だけで、舌状花（ぜつじょうか）はない。花床に鱗片（りんぺん）はない。

種子に冠毛はない。種子の生産量は1株当たり850～6,400個。発生深度は1 cm以内で、寿命は土中で5年以上。全草に芳香がある。踏み付けに強い。

●**生育型**　初め一時ロゼット型で分枝型に変わる
●**繁殖器官**　種子
●**主な種子散布方法**　重力によって自然落下する
●**種子以外の繁殖法**　通常は栄養繁殖をしない

ロゼットで越冬後、新葉が展開を始める

着蕾（ちゃくらい）、開花前

類似種との見分け方

イヌカミツレ（p.162）、カミツレモドキ（p.165）には舌状花（白い花びら）がある。カミツレモドキには花床に鱗片がある。

生育旺盛

開花期

開花中の花。両性の筒状（とうじょう）花のみで舌状花はない

結実期（秋まき小麦畑で優占）

秋まき小麦畑で優占

結実。花床の鱗片はない

双子葉

072 アキタブキ

●キク科 ● Petasites japonicus subsp. giganteus ●多年生

実生芽生え

花茎はフキノトウで雌雄異株。早春に咲き、受精した雌花茎は高く伸び、雄花茎は枯れる。

種子には冠毛があり、風に乗り飛散する。地表に落ちると、間もなく発芽する。実生は畑作や野菜作圃場でも発生するが、あまり定着することはない。定着した株は開花を追うように根茎から萌芽する。根茎を四方に伸ばし繁殖する。経年株になると、大きな群落をつくる。葉は大きく、その下は裸地化する。家畜は好んでは食べないようで、繁茂すると牧草地の生産性が落ちる。

●**生育型**　偽ロゼット型
●**繁殖器官**　根茎、種子
●**主な種子散布方法**　風や水で運ばれる
●**種子以外の繁殖法**　根茎が横走し、広範囲に広がる

実生生育初期

類似種との見分け方

本種は本州以南に分布するフキ（P. japonicus）の亜種とされる。実生生育初期はノブキ（Adenocaulon himalaicum）に似るが、ノブキは明る過ぎる所は苦手で、畑地で見かけることはない。ヤチブキ（エゾノリュウキンカ、Caltha palustris var. barthei）は名前だけ似ている。

定着株の萌芽

根茎で広がる（採草地）

アキタブキ

採草地で優占

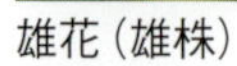

雄花（雄株）

雌花（雌株）

雌株群。葉も花茎も地下の根茎でつながっている

結実した果実

双子葉

073 コウリンタンポポ（エフデタンポポ）

●キク科　● *Pilosella aurantiaca*　●多年生

越冬直後

ほふく茎を伸ばして旺盛に子株をつくる。ロゼットで越冬後、早春から再生を始め、経年の大きな個体は初夏には開花し結実する。越冬初年目の小さな個体は晩夏～初秋になって開花するとされる。落下した種子は間もなく出芽し、ロゼットで越冬する。茎は花茎状、開出する黒い剛毛と小さな星状毛があり、上部では短い腺毛が混ざる。葉は根生または茎の基部近くに集まり、両面に長剛毛を密生する。

種子生産量は1頭花当たり100個足らずだが、密生すると、1 m^2 当たり100万個を超えることがあるという。発芽適温は10～30℃。びっしり生え、牧草地生産力が激減する。土中寿命は10年にも及ぶことがある。肥沃（ひよく）地での競合力は強くない。

●**生育型**　ロゼット型
●**繁殖器官**　種子、ほふく茎
●**主な種子散布方法**　風や水で運ばれる
●**種子以外の繁殖法**　地表にほふく茎を伸ばして広がる

越冬後。葉色に緑が戻り始める

新しい根生葉ができる

抽台期

開花期

頭花

ほふく茎を伸ばして旺盛に子株をつくる

類似種との見分け方

キバナコウリンタンポポ（P. caespitosa）は花が黄色で、コウリンタンポポより花茎が高く、花は一回り小さい。コウリンタンポポと越冬後のロゼットは似ている。ブタナ（p.197）の根生葉は厚みがあり、光沢もある。葉縁に鋸歯（きょし）あり。コウリンタンポポは厚みがなく、光沢もなく全縁。

越冬前

キバナコウリンタンポポの頭花

双子葉

074 オオハンゴンソウ

●キク科 ● Rudbeckia laciniata ●多年生

越冬後。根茎からの萌芽

種子と横走する根茎で繁殖する。根茎から萌芽すると初めはロゼット状に根生葉を展開し、茎を立て、分枝する。茎にはまばらに短毛があるか、またはない。根生葉や茎下部の葉には柄があり、羽状に5~7個に深裂する。上方の葉は3~5個に深裂する。裂片には粗い鋸歯(きょし)がある。葉身の上面は無毛、下面に短毛がある。枝先に1個の頭花をつける。舌状花(ぜつじょうか)は10~14個、花の中央部に筒状花(とうじょうか)が盛り上がってつく。地上部を刈り取ると、根茎から萌芽し、個体数を増やす。畑作圃場にはほとんどなく、牧草地に発生がある。

●**生育型**　一時ロゼット型

●**繁殖器官**　種子、根茎

●**主な種子散布方法**　重力によって自然落下する

●**種子以外の繁殖法**　根茎が短く分枝し、親株の近くに広がる

萌芽後の生育初期

秋まき小麦畑で。種子から繁殖したものか

牧草地で。前年の茎の残骸あり

開花期（牧草地周辺）

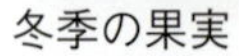
冬季の果実

地下は根茎でつながる

類似種との見分け方

八重咲きのハナガサギク（ヤエザキオオハンゴンソウ、R. laciniata 'Hortensis'）の頭花はほとんどが舌状花（ぜつじょうか）。農家の庭先に栽植されていることもあるが、耕地では見かけない。同属のアラゲハンゴンソウ（キヌガサギク、R. hirta var. pulcherrima）は牧草地に侵入している。園芸品種ルドベキアも逸出の可能性あり。

ヤエザキオオハンゴンソウ

アラゲハンゴンソウ多発生（放牧草地）

双子葉 ★

075 ノボロギク

●キク科 ●Senecio vulgaris ●夏生一年生、越冬一年生

芽生え

春～秋に発生。春～夏に発生したものは秋までに開花・結実し、秋に発生したものは越冬する。幼葉の葉身は倒卵形で基部はくさび形、葉柄に毛がある。茎につく葉は初めクモの巣状の毛があり、後に無毛となる。葉身は不規則に羽状に裂け、縁に細かく鋭い波状の鋸歯(きょし)がある。根生葉や茎の葉には長い柄があり、上方の葉の基部は茎を抱く。頭花は全て筒状花(とうじょうか)。

種子生産量は1株当たり数千個にも。5～25℃の温度範囲でよく発芽する。圃場条件下では、発生深度5mm以内、寿命は5年以内。58年間死滅しなかったという例もある。有毒植物で牛馬に肝臓壊疽(えそ)を起こすこともある。圃場によっては密に優占している場合がある。なお、「ノ／ボロギク」で、「ノボロ／ギク」ではない。

●**生育型** 直立型とほふく型がある

●**繁殖器官** 種子

●**主な種子散布方法** 風や水で運ばれる

●**種子以外の繁殖法** 通常は栄養繁殖をしない

ノボロギク

生育初期

越冬後。すぐにつぼみをつける（小豆畑）

夏生えの開花始期（秋まき小麦畑）

開花結実期

花は筒状（とうじょう）花だけ

双子葉

076 メナモミ

●キク科 ● *Sigesbeckia pubescens* ●夏生一年生

生育初期（草地）

春に発生、晩夏～秋に開花結実。高さ 50 cm～1 m ほどになり、茎には開出する白い長軟毛が密に生える。葉は大きく、両面に短軟毛がたくさんあり、3 脈が目立つ。葉の縁には不ぞろいの鋸歯（きょし）がある。頭花には筒状花（とうじょうか）、舌状花（ぜつじょうか）があり、総苞（そうほう）には腺毛があり、粘る。

●生育型　直立型
●繁殖器官　種子
●主な種子散布方法　人や動物に着いて運ばれる
●種子以外の繁殖法　通常は栄養繁殖をしない

生育中期（草地）

開花期（トウモロコシ畑）

茎に白毛が密生する

類似種との見分け方

コメナモミ（S. glabrescens）は小ぶり。茎には長軟毛がなく、茎上部に短軟毛があり、ほかは無毛。葉にも短毛はあるが無毛のように見える。葉の縁の鋸歯は大小不ぞろい。

双子葉

077 オオアワダチソウ

●キク科 ●Solidago gigantea subsp. Serotina ●多年生

根茎からの萌芽初期

春に根茎から萌芽。高さは0.5～1.5mに伸び、夏～秋に開花し結実する。茎の毛は上部を除いて早くに脱落し、ほぼ無毛。葉も無毛。葉の上半部に鋭く低い鋸歯(きょし)がある。頭花は周りに雌性の舌状花(ぜつじょうか)、中央に両性の筒状花(とうじょうか)がある。牧草地や小麦連作圃場に侵入し群生することがある。

●**生育型**　一時ロゼット型
●**繁殖器官**　種子、根茎
●**主な種子散布方法**　風や水で運ばれる
●**種子以外の繁殖法**　根茎が横走し、やや広範囲に広がる

生育初期。節間伸長が始まる（草地）

茎が伸びる（秋まき小麦畑）

開花期

花。周りに舌状花、中央に筒状花がある

結実期

葉は無毛。鋸歯（きょし）は鋭く低い

茎は無毛（上部は有毛）

根茎で越冬し、春に節から地上茎を立てる

類似種との見分け方

セイタカアワダチソウ（S. altissima）の茎には短毛が密生する。葉の両面にも短毛があり触るとざらつく。開花期は遅め。鋸歯は低くて不明瞭。主に道央以南の荒れ地などに生育。

双子葉

078 オニノゲシ

●キク科　●Sonchus asper　●夏生一年生、越冬一年生

春の芽生え

春～秋に発生。春～夏に発生したものは秋までに開花・結実し、秋に発生したものはロゼットで越冬し、夏には開花・結実する。

種子生産量は1株当たり2万3,000±2,600個ほど。種子の発芽温度は7～35℃で変温条件が良い。土壌中からの出芽深度は浅い。種子寿命は乾燥条件の場合、2、3年で半減し、繰り返し耕運する場合は1年程度。牛が食べた物の27％が発芽したという報告もある。

茎が立ち上がり本葉が数枚出るころには、葉の基部が丸い耳状になって茎を抱く。葉はやや堅く、光沢があり、形はさまざまで羽状に切れ込むものから切れ込まないものまである。葉縁の鋸歯（きょし）はとげになる。茎や葉を傷付けると乳白色の汁が出る。花は全て舌状花（ぜつじょうか）。

●**生育型**　一時ロゼット型
●**繁殖器官**　種子
●**主な種子散布方法**　風や水で運ばれる
●**種子以外の繁殖法**　通常は栄養繁殖をしない

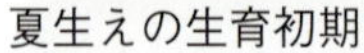
夏生えの生育初期

夏生えの伸長期（トウモロコシ畑）

類似種との見分け方

ノゲシ（S. oleraceus）の葉の基部はとがった耳状になって茎を抱く。葉は薄く柔らかく、羽状に切れ込む。ハチジョウナ（p.234）は多年生で根茎があり、葉の基部は茎を抱くが、はっきりした耳状にはならない。

夏生えの開花期（緑豆畑）

越冬前の生育初期

越冬直前。ロゼットで越冬する

越冬後。根生葉が展開

越冬株の開花期（秋まき小麦畑）

葉の基部は丸い耳状になって茎を抱く

双子葉

079 ハチジョウナ

●キク科 ● *Sonchus brachyotus* ●多年生

根茎からの萌芽

通称・カマドガエシの名の通り、根絶は容易ではない。根茎による繁殖が旺盛で、根茎は地表下5〜10 cm辺りを横走し、数多くの芽をつける。根茎は切れやすく、切断されるとすぐに出芽する。切片は20 cm程度の深さからでも萌芽する。春に根茎から萌芽すると夏には抽台・開花する。

種子の発芽温度は5〜25℃。反転深耕は抑草に有効だが、ロータリ耕は個体数を激増させる。茎や葉を傷つけると乳白色の汁が出る。葉は分裂せず、葉縁に細かい歯牙がある。葉の基部は茎を抱く。花は全て舌状花（ぜつじょうか）。

●**生育型**　一時ロゼット型

●**繁殖器官**　根茎、種子

●**主な種子散布方法**　風や水で運ばれる

●**種子以外の繁殖法**　根茎が横走し、やや広範囲に広がる

ロゼットからの立ち上がり
（トウモロコシ畑）

伸長期（草地）

着蕾（ちゃくらい）期の葉

開花始め（トウモロコシ畑）

葉の基部は茎を抱くが、明らかな耳状にはならない

根茎が広がって繁殖する(馬鈴しょ畑)

花

類似種との見分け方

オニノゲシ(p.231)やノゲシは、一年生で根茎はない。葉縁の歯牙は鋭い。ハチジョウナは、葉の基部が耳状にならない。

双子葉

080 セイヨウタンポポ

●キク科 ● Taraxacum officinale ●多年生

実生の芽生え

●**生育型**　ロゼット型

●**繁殖器官**　種子、根茎

●**主な種子散布方法**　風や水で運ばれる

●**種子以外の繁殖法**　地下に太く伸びた根上部のごく短い根茎から多数分株する

越冬株は早春に萌芽し、春～初夏に開花・結実・飛散する。単為生殖でも結実する。成熟種子はすぐに発芽できる。夏に出芽した株はロゼットを形成して越冬する。種子生産力は1株当たり2,400～2万個という。4～30℃で発芽可能で、適温は23℃。発生深度は2 cmまでで、8 cm以上は出芽しない。種子の寿命は、乾燥保存の場合、室温で1、2年、4℃で13年の例もある。圃場条件で土壌表面に置かれた場合、冬季間の低温で死滅することもあるが、土中深くに入ると長期間生存する。種子には冠毛があり、風で遠くまで飛散する。

根の切片の再生力は旺盛で、どの部分からでも出芽する。総苞（そうほう）の外片は、つぼみのときから下向きに反り返る。

セイヨウタンポポ

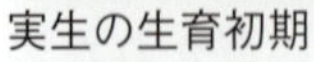
実生の生育初期

実生の根生葉展開

越冬直後

越冬直前のロゼット

類似種との見分け方

アカミタンポポ（T. laevigatum）と似ている。同種はやや小型で、総苞（そうほう）片の極端な反り返りはない。セイヨウタンポポと在来種との交雑種（形態が中間タイプ）が広く繁殖し、本州では本種と思われている個体のうち80％くらいが交雑種で、「純粋なセイヨウタンポポはまれ」との調査結果があり、北海道でも交雑種は確認されているようである。ただ、定着は少なく、北海道在来種の遺伝的特徴（倍数性）によるものと思われる。

着蕾（ちゃくらい）期

開花期（秋まき小麦畑）

結実

放牧草地で優占

双子葉

081 ガガイモ

●キョウチクトウ科（ガガイモ科） ● Metaplexis japonica ●多年生

横走根からの萌芽

つる性。葉は厚く両面に軟毛がある。傷をつけると白い乳汁が出る。横走根による繁殖が旺盛。越冬時には地上部が枯れる。春、暖かくなって、横走根から萌芽し、夏に開花、晩秋に結実する。両性花の結実率11％との報告があり、種子繁殖はあまり旺盛ではない。雄花と両性花が同じ株にあって、両性花の割合は60％ほどという。雌しべを雄しべが取り囲むように合着し、ずい柱になる。柱頭のように見える長い突出部には花粉がくっ付くような構造はなく、無理矢理付けても花粉は発芽しないという。

●**生育型**　つる型で分枝もする
●**繁殖器官**　種子、根
●**主な種子散布方法**　風や水で運ばれる
●**種子以外の繁殖法**　横走根が伸び、やや広範囲に広がる

萌芽後の生育初期（アスパラガス畑）

伸長期（収穫期のアスパラガス畑）

生育中期（秋まき小麦畑）

着蕾（ちゃくらい）期（アスパラガス畑で密生）

類似種との見分け方

開花前までのイケマ（Cynanchum caudatum）と似ている。葉はガガイモより大きく、薄く、ほとんど無毛。花は小さく白い。

ガガイモ

花

未熟な果実

果実が裂開し種子が飛散する

横走根が伸び、所々
で垂直茎を立てる

双子葉

082 ビロードモウズイカ（ニワタバコ）

●ゴマノハグサ科
● Verbascum thapsus　●夏生一年生、越冬一年生

（追跡 1）芽生え。全体に腺毛がある

●生育型　偽ロゼット型
●繁殖器官　種子
●主な種子散布方法　重力によって自然落下する
●種子以外の繁殖法　通常は栄養繁殖をしない

主に夏～秋に種子から出芽し、ロゼットで越冬する。翌春に根生葉をたくさん出して立ち上がり、初夏に開花し結実する。初夏に発芽し、晩夏に開花・結実・枯死するものもある。

1株当たり数百個の果実をつけ、1果実当たり数百の種子を含むため、種子生産量は膨大である。1株当たり22.3万個という例もある。種子の寿命は長く、圃場条件の埋土種子で2年以上生存する。100年以上生存する場合もあるといわれ、不意の発生も見られる。光発芽性で、土壌表層からの発生が多い。

裸地のある放牧地などでは、家畜があまり好まないこともあり、旺盛な生育をする。直根で抜き取るのは容易。高さは1～1.5 m。全草に黄白色の連結した星状毛が密生し、ビロードのような手触りである。茎葉の基部は狭い翼（よく）になって茎に流れる。雄しべは5本、うち3本の花糸に毛がある。

(追跡 2) 左は根生葉を増やして越冬。右は立ち上がり開花・結実し、枯凋(こちょう)

(追跡 3) 左はロゼットのまま、右は開花

(追跡 4) 越冬直後

(追跡 5) ロゼットのまま起き上がる

（追跡 6）古い根生葉は
残したまま新葉を展開

（追跡 7）茎を伸ばし始める

（追跡 8）開花期。この後も
花序は上に伸びる

花

双子葉

083 トキワハゼ

●サギゴケ科（ゴマノハグサ科）　● *Mazus pumilus*　●夏生一年生

開花期。茎に縮毛あり

春に発芽したものは初夏には開花・結実する。こぼれた種子はすぐに発芽し、短期間で花を咲かせるので、晩夏〜晩秋まで開花する個体もある。根生葉はヘラ状で葉柄には翼（よく）があり、基部には短毛がある。花茎の高さは、5〜15 cm ほどと小型。花茎下部には縮れた毛がある。ほふく茎は出さない。

光発芽性。発芽適温は20℃前後。種子の寿命は土中で50年以上。やや湿った場所に生えやすい。除草剤「パラコート」の抵抗性タイプが認められているが、北海道では現在、同剤の使用はないはずである。

●**生育型**　偽ロゼット型で分枝茎を持つ
●**繁殖器官**　種子
●**主な種子散布方法**　重力によって自然落下する
●**種子以外の繁殖法**　通常は栄養繁殖をしない

開花期

大豆畑で。カタバミ（左）と混生

花

類似種との見分け方

サギゴケ（Mazus miquelii、別名・ムラサキサギゴケ）は多年生で、花後、ほふく枝を出して繁殖する。茎はほぼ無毛。

双子葉 ★

084 ナギナタコウジュ

●シソ科 ● *Elsholtzia ciliata* ●夏生一年生

実生の芽生え

春～夏に発生する。開花・結実は遅く、秋遅くまで生育をやめない。夏遅くに発生しても生育量は少ないものも開花・結実する。

種子生産量は1株当たり3万9,000個の例あり。成熟種子には弱い休眠があり、1カ月弱で覚める。しかし北海道では初冬にかかるので、年内の発生は難しい。発芽温度は5～25℃で、適温は20℃前後。種子の寿命は土中で2年程度。種子の成熟期が遅いので、秋耕を結実前に行うチャンスがある。しかし、てん菜ではこの期待は薄い。

茎は四角形、上部で分枝する。葉には長い柄がある。全体に軟毛がある。枝の先端になぎなた状に唇形花をたくさんつける。幼植物にも独特の臭いがあるので、葉をちぎってかぐと判別できる。

●**生育型** 直立型
●**繁殖器官** 種子
●**主な種子散布方法** 重力によって自然落下する
●**種子以外の繁殖法** 通常は栄養繁殖をしない

実生生育初期（トウモロコシ畑）

生育初期（てん菜畑）

生育中期（トウモロコシ畑）

着蕾（ちゃくらい）期（てん菜畑）

ナギナタコウジュ

開花期（トウモロコシ畑）

結実期（てん菜畑）

生育量が少なくても開花・結実する

多数の花が花序の片側につき、なぎなた状になる

085 チシマオドリコソウ（イタチジソ）

●シソ科　● Galeopsis bifida　●夏生一年生

実生の芽生え

春に発生し、夏に開花し、秋には結実する。茎は直立して分枝する。高さ 20〜50 cm くらい、断面は四角形で、下向きの剛毛が密生する。葉は対生で短い柄があり、両面共に短毛がある。花はまとまって葉腋（ようえき）につき、がくは有毛、5 裂し、裂片の先は長さ 5 mm ほどの針になる。

●**生育型**　直立型
●**繁殖器官**　種子
●**主な種子散布方法**　重力によって自然落下する
●**種子以外の繁殖法**　通常は栄養繁殖をしない

実生生育初期

生育初期（秋まき小麦畑）

生育中期（秋まき小麦畑）

生育盛期（放牧草地）

類似種との見分け方

タヌキジソ（G. tetra-hit）と極似している。日本にはまれに帰化しているといわれるが、北海道では未確認。両者を変種関係と見る説や変異の大きい同種内とする説もある。

開花期

花

開花結実期

主茎、分枝ともに下向きの長毛があり、葉柄には上向きの長毛がある

双子葉

086 ヒメオドリコソウ

●シソ科 ●Lamium purpureum ●夏生一年生、越冬一年生

実生の芽生え

ほぼ農耕期間を通して発生するが、秋に発生し、退色した茎葉を残して越冬して早春に開花し結実することが多い。春に発生したものは、夏に開花する。草丈は10～20 cm。茎には四稜(りょう)があり、下向きの毛が生えている。下部は地を這(は)い、途中で立ち上がる。下部で数多く分枝する。葉は対生する。下部の葉には長い葉柄があり、上部の葉は無柄で小さく、紅紫色に色づくことが多い。葉の表面は細脈部が著しく凹入してシワになる。

種子にはエライオソームが付き、株の周りに落下し、一部はアリによって運ばれる。群生することが多い。種子生産量は1株当たり約200個。発芽温度は10～30℃。発生深度は0.5～2 cm。土中種子の寿命は長いという。

●生育型 分枝型
●繁殖器官 種子
●主な種子散布方法 重力によって自然落下する。後にアリに運ばれることもあり
●種子以外の繁殖法 通常は栄養繁殖をしない

秋の実生の生育初期

越冬直前

越冬直後

秋まき小麦畑で

類似種との見分け方

オドリコソウ（L. barbatum）は多年生で、草丈は30〜60 cm。葉は紅紫色に色づくことはない（p.256）。路傍にあるが、畑地への侵入は難しいようである。

ヒメオドリコソウ

ほふくした茎から芽を出す

採草地（宗谷丘陵）で大発生（疋田英子原図）

越冬株の開花期

オドリコソウ開花期

双子葉 ★

087 スベリヒユ

●スベリヒユ科 ●Portulaca oleracea ●夏生一年生

実生の芽生え

晩春以降、暖かくなってから発生する。茎は旺盛に分枝し、赤みを帯びて、地表を這(は)うようにして広がる。葉は肉質で先が丸く、両面とも光沢がある。全体に無毛。晴れた日の午前中によく開花し、開花せずに種子をつける閉鎖花も多い。

種子の生産量は1果当たり50～70個、1株当たり1万～6万個も。種子には休眠がある。同じ株にできた種子でも成熟の早いものは休眠が浅く、地面に落下するとすぐに発芽する。成熟の遅かった種子は休眠が深い。発生深度の限界は2cm。ごく浅い所からの発生がほとんどである。土中での種子寿命は4年以上、数十年の場合もある。50cm深に埋設した場合、40年後でも発芽した例がある。明るい場所での生育が良い。

●**生育型**　分枝型
●**繁殖器官**　種子
●**主な種子散布方法**　重力によって自然落下する
●**種子以外の繁殖法**　通常は栄養繁殖をしない

生育初期

生育の初期段階から分枝を始める

生育中期

類似種との見分け方

コニシキソウ（トウダイグサ科、Chamaesyce maculata）はスベリヒユと同じように地を這(は)って四方に広がる。茎に上向きの白い毛がある。葉の中央に紫褐色の斑点がある。花は目立たない。

生育盛期（小豆畑）。茎は這って広がり、立ち上がる

地面を這って四方に広がる

開花期

花

双子葉

088 ソバカズラ

●タデ科　● Fallopia convolvulu　●夏生一年生

実生の芽生え

春～夏に発生、夏～秋に開花・結実する。つる性で茎は地を這(は)うか、作物に絡みついて伸びる。葉身は矢尻型。花柄の長さは1～3 mm、果実に翼(よく)はない。種子生産量は1株当たり2万～3万個に及ぶ。

種子には休眠性がある。発芽温度は5～30℃。種子は乾燥保存で10年以上は生存。硬実で、土中種子は一斉には発芽しない。発生深度は5 cm以内が多く、10 cmからでも発芽する。養水分競合に強く、著しい雑草害を示す。1平方フィート（約0.09 m^2）当たり10本の発生で、小麦が50%減収したという。

●生育型　つる型

●繁殖器官　種子

●主な種子散布方法　重力によって自然落下する

●種子以外の繁殖法　通常は栄養繁殖をしない

生育中期

着蕾（ちゃくらい）期（秋まき小麦収穫後）

結実期（大豆畑）

類似種との見分け方

ツルタデ（F. dumetorum、別名ツルイタドリ）とは茎葉での区別が困難。花柄の長さがソバカズラより長く5～8 mm、果実には翼がある。

双子葉

089 オオイタドリ

●タデ科　● Fallopia sachalinensis　●多年生

実生の芽生え

根茎は横に伸び、分枝して多数の芽を持ち、大きな群落をつくる。根茎の切片による再生力が著しい。根は網目状に分枝して土中深く広がる。葉の基部は心形（ハート形にへこむ）で徐々にとがる。托葉鞘は長く、数センチメートルになる。雌雄異株。壮大な地上部は冬季に枯れる。根茎は中空で、地上部刈り取りや除草剤処理によるダメージは受けやすいようである。牧草地で大群落をつくることもあり、畑作圃場に侵入していることもある。

●**生育型**　直立型

●**繁殖器官**　種子、根茎

●**主な種子散布方法**　風や水で運ばれたり、重力によって自然落下する

●**種子以外の繁殖法**　根茎が横走し、やや広範囲に広がる

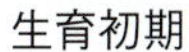

生育初期

越冬根茎からの萌芽

類似種との見分け方

イタドリ（F. japonica var. japonica）の葉の基部は切型で、先は急にとがる。托葉鞘は短く数ミリメートル。

萌芽後の生育初期

生育中期（馬鈴しょ畑）

オオイタドリ

牧草地で群落形成

開花期。雄花序は上向きが多い

雌花序は垂れることが多い

果実

双子葉 ★

090 オオイヌタデ

●タデ科　●Persicaria lapathifolia var. lapathifolia　●夏生一年生

実生の芽生え

春～夏に発生。夏～秋に開花・結実する。開花期の幅は長い。種子生産量は1株当たり1,000～2万個。種子には強い休眠があり、翌年の春先に覚める。平均気温が7～10℃になると発生を始め、10～15℃で盛んになる。発生深度は1～3 cmだが、5～6 cmでも可能。種子の寿命は4、5年。茎の刈り取り後の再生力は弱い。

幼植物の葉には白い綿毛が密生する。成葉の側脈は20～30対で、明瞭。茎は無毛で節は膨らむ。托葉鞘（たくようしょう）の縁毛はない（たまにわずかにある）。花穂は4～10 cmで、先は下垂する。タデ類の中では大型。低温でも生育は旺盛で、作物の上に出る。種子は凹レンズ型。

●**生育型**　直立型
●**繁殖器官**　種子
●**主な種子散布方法**　重力によって自然落下する
●**種子以外の繁殖法**　通常は栄養繁殖をしない

オオイヌタデ

生育初期

生育中期（秋まき小麦畑）

開花期（白花もある）

結実期（大豆畑）。しばしば帯赤する

大豆畑で大発生（大豆成熟期）

節は膨らむ。托葉（たくよう）は無毛

種子は凹レンズ型

サナエタデ（大豆畑）

類似種との見分け方

変種サナエタデ（var. incana）はやや小型で、茎の節はあまり膨らまない。葉の側脈は7～15対あり、不明瞭な場合もある。花穂は4 cmほどで下垂しない。生育時期は早めだが、発生が遅めの場合はオオイヌタデと区別しにくい。

091 イヌタデ

●タデ科　● *Persicaria longiseta*　●夏生一年生

実生の芽生え

春～夏に発生、夏～秋に開花・結実する。種子生産量は1株当たり1,000～6,000個。種子には強い休眠があり、翌年の春先には破れる。托葉鞘（たくようしょう）の毛は長い。平均気温が7～10℃になると発生を始める。発生深度は1～3 cm。土中種子の寿命は4、5年。種子は三稜（りょう）形。

●**生育型**　直立型とほふく型がある
●**繁殖器官**　種子
●**主な種子散布方法**　重力によって自然落下する
●**種子以外の繁殖法**　通常は栄養繁殖をしない

生育初期

生育中期（大豆畑）

着蕾（ちゃくらい）期（大豆畑）

類似種との見分け方

類似するタデ科植物は数種あるが、極似しているわけではないので区別は容易。実生（本葉1〜2葉期）の場合、オオイヌタデ（p.265）には綿毛があり、イヌタデ、ハルタデ（p.271）にはない。本葉1〜2枚目の幅は、オオイヌタデ<ハルタデ<イヌタデの順に広く、イヌタデは明らかに広い。幼植物でも、さや状の托葉の縁に、オオイヌタデでは毛がないかあってもごく短く、イヌタデには長い毛がある。ハルタデにはある。イヌタデの種子は三角状卵形、ハルタデ種子はレンズ形か三稜形、オオイヌタデの種子は凹レンズ状。ヤナギタデの托葉鞘の縁毛は長いが畑地より水田に発生し、葉はかじるととても辛い。

イヌタデ

開花期

多発（大豆畑）

結実期（大豆畑）

托葉（たくよう）の端に長毛あり

★

092 ハルタデ

●タデ科　● Persicaria maculos subsp. hirticaulis var. pubescens　●夏生一年生

実生の芽生え

春～夏に発生、夏～秋に開花・結実する。タデ類の中では春の発生が早くから始まる方で、開花・結実も早い。種子生産量は1株当たり500～4,000個。種子に休眠がある。湿った土で、8℃くらいから発芽可能。発芽適温はタデ類の中では比較的低く、生育期間も短い。種子の寿命は5年以上。

托葉（たくよう）の縁の毛は短い。道東の畑地や新播牧草地で発生するタデ類の中では本種が一番多い。種子はレンズ形か三稜（りょう）形。種内変異とされるオオハルタデは普通のハルタデより大型で、葉の幅が広く、開花期がやや遅い。

●**生育型**　直立型とほふく型がある
●**繁殖器官**　種子
●**主な種子散布方法**　重力によって自然落下する
●**種子以外の繁殖法**　通常は栄養繁殖をしない

ハルタデ

実生の生育初期

生育中期（トウモロコシ畑）

生育盛期（春まき小麦畑）

開花期（大豆畑）

多発（秋まき小麦畑）

托葉鞘（たくようしょう）と縁に毛あり

結実。種子は三稜（りょう）形でレンズ形もある

類似種との見分け方

オオイヌタデ（p.265）と似ているが、幼植物に綿毛がないので区別できる。成植物の葉脈は、オオイヌタデでは20～30対が明瞭だが、本種では数も少なく、明瞭ではない。

双子葉 ★

093 タニソバ

●タデ科 ●*Persicaria nepalensis* ●夏生一年生

実生の芽生え

●**生育型**　分枝型でほふく茎を持つ
●**繁殖器官**　種子
●**主な種子散布方法**　重力によって自然落下したり、風や水に運ばれる
●**種子以外の繁殖法**　通常は栄養繁殖をしない

春～夏に発生。夏～秋に開花・結実する。タデ類の中では発生が最も遅く、初期の雑草管理の後に発生することも多い。結実は秋。種子は深い休眠があり、翌春には覚めている。発芽温度は10～30℃。土中寿命は非常に長く数十年。4年半後で50％以上が生存の例もある。

タデ類の中では最も霜に弱い。根は直根、ひげ根も多い。茎は無毛で、赤みを帯びる。托葉鞘（たくようしょう）の縁に毛はない。分枝を多く出して密生し、地面を這（は）うように伸長。節から発根する。葉は無毛で、赤みを帯びることが多い。葉身の基部は急に狭くなり、長い柄に流れて翼（よく）になる。

生育初期

生育中期

生育盛期

開花期（小豆畑）

後発（大豆畑）

着蕾（ちゃくらい）期（大豆畑）

花

類似種との見分け方

実生の子葉は丸く、イヌタデ（p.268）よりも幅広く、他のタデ類とも区別は付きやすい。

094 イシミカワ

●タデ科 ●Persicaria perfoliata ●夏生一年生

実生の生育初期

春に発生、夏～秋に開花・結実。つる性で、茎や葉柄、葉の裏面の主脈上に下向きの粗いとげがあり、作物に絡み付く。葉身は角のない三角形で全縁、柄は葉身基部に盾状につく。托葉鞘（たくようしょう）の上部は円形の葉状になって茎を囲む。茎が円盤を突き抜けるように見える。その昔、根釧地域の新播牧草地で大発生したことがある。

●**生育型**　分枝型でつる型
●**繁殖器官**　種子
●**主な種子散布方法**　重力によって自然落下する
●**種子以外の繁殖法**　通常は栄養繁殖をしない

イシミカワ

生育初期

生育中期

開花結実期（大豆畑）

結実期（大豆畑）

托葉（たくよう）

花

結実

類似種との見分け方

ママコノシリヌグイ（P. senticosa）と似ているが、本種では葉柄が葉身裏面の下部に盾状につき、ママコノシリヌグイは普通に葉身裏面の下端につく。本種では托葉が円形の葉状になって茎を囲み、ママコノシリヌグイの托葉は小さく腎臓形。

双子葉

095 ウナギツカミ

●タデ科 ● *Persicaria sagittata* var. *sibirica* ●夏生一年生

生育期(ブロッコリー畑)

春～夏に発生、秋に開花・結実する。茎は下部が横に伸びてから斜上し、逆刺(かえり)がある。葉の基部は矢尻型で茎を挟む。葉柄や葉の裏面の中肋(ちゅうろく)にも逆刺がある。托葉鞘(たくようしょう)は筒状で先は斜めに切れ、長さは7～10 mm、縁毛はない。花柄は無毛。以前は変種アキノウナギツカミを分けていたが、変異が大きく、最近の分類では区別しなくなった。多湿圃場や水田、寡照地帯の牧草地に発生することがある。

●**生育型** 分枝型でつる型
●**繁殖器官** 種子
●**主な種子散布方法** 重力によって自然落下したり、風や水に運ばれる
●**種子以外の繁殖法** 通常は栄養繁殖をしない

開花期（大豆畑）

水田にも侵入

花柄は無毛

花

双子葉

096 ミゾソバ

●タデ科　● *Persicaria thunbergii*　●夏生一年生

実生の芽生え（第１本葉展開）

春～夏に発生、秋に開花・結実する。茎は下部が横に伸びてから斜上～直立し、よく分枝する。地面につくと節から発根し、立ち上がる。茎には小さな下向きのとげがあり、作物に寄りかかる。葉は矛形で、下方の葉の葉柄には翼（よく）がつく。托葉鞘（たくようしょう）は短い筒状で毛があり、縁がロート状に広がるものもある。花柄に腺毛がある。水分が十分にあると一斉に発生する。湿った畑地に発生する。刈り取りに弱い。

●生育型　分枝型でほふく茎を持つ

●繁殖器官　種子

●主な種子散布方法　重力によって自然落下したり、風や水に運ばれる

●種子以外の繁殖法　通常は栄養繁殖をしない

生育初期。茎に逆刺（かえり）あり

生育盛期

生育中期（えん麦畑）

開花期

開花期

花

類似種との見分け方

本葉1〜3枚目も矛形で、他のタデ類では長楕円(だえん)〜披針形(ひしん)。

双子葉

097 ミチヤナギ

●タデ科 ● Polygonum aviculare subsp. Aviculare ●夏生一年生

実生の芽生え

春～夏に発生。夏以降の発生は少ない。秋に開花・結実する。茎は地際ではほふくし、斜上、直立する。葉はほとんど柄はなく、ほぼ長楕円形、長さは2～5 cm、先は鈍鋭さまざま。花は腋生。

種子生産量は1株当たり5,000個程度。種子には休眠がある。種子はヒツジに採食されても死滅しない。土中種子の寿命は数年。踏み付けには強く、土壌表面が堅く締まっていても発生する。葉の輪郭はヤナギの葉に似ている。

●**生育型**　分枝型と直立型がある
●**繁殖器官**　種子
●**主な種子散布方法**　重力によって自然落下する
●**種子以外の繁殖法**　通常は栄養繁殖をしない

ミチヤナギ

実生の芽生え（第 1 本葉展開）

生育初期（秋まき小麦畑）

生育中期（大豆畑）

生育盛期（大豆畑）

開花期

花

類似種との見分け方

亜種のハイミチヤナギ（subsp. depressum）はほふくし横に広がる。葉は小さく長さは1 cm以下、先はとがらない。亜種のオクミチヤナギ（別名ホソバミチヤナギ　subsp. neglectum）は葉が細く、長さは1 cmほど、先はとがる。

ハイミチヤナギ（トウモロコシ畑）

双子葉 ★

098 ヒメスイバ

●タデ科 ● Rumex acetosella subsp. Pyrenaicus ●多年生

実生の芽生え

定着した株は、冬に地上部が枯れるが、休眠芽は地下の横走根にあり、翌春に萌芽する。初夏に抽台・開花し、盛夏に結実する。落下した種子は一部は間もなく出芽し、越冬前にロゼットを形成し、横走根を伸ばして越冬する。一部は翌春～夏に発生する。横走根を四方に伸ばし、不定芽をたくさんつけ増殖する。茎は細く直立し、高さは20～50 cm。葉は矛形で長さ2～7 cm、基部は耳状に張り出す。雌雄異株。

種子生産量は1茎当たり数百～1,000個。土中種子の寿命は数年間。土温8℃から出芽が始まる。発生深度は4 cm程度まで。茎葉が刈り取られても横走根から容易に再生する。pHの低い所にも生育する。

●**生育型**　一時ロゼット型
●**繁殖器官**　根、種子
●**主な種子散布方法**　重力によって自然落下する
●**種子以外の繁殖法**　横走根が伸び、広範囲に広がる

実生の生育初期

ロゼットで越冬

生育初期

生育盛期（小豆畑）

ヒメスイバ

雄花（雄株）

雌花（雌株）

開花期（春まき小麦畑）

横走根で増殖

類似種との見分け方

スイバ（R. acetosa）は大きくごつく、高さ30～100 cm。葉は長さ10 cmほど、長楕円状披針形、基部は矢尻形、横走根は出さない。

双子葉 ★

099 エゾノギシギシ

●タデ科 ● Rumex obtusifolius ●多年生

実生の芽生え

●**生育型** 偽ロゼット型
●**繁殖器官** 種子、根
●**主な種子散布方法** 重力によって自然落下する
●**種子以外の繁殖法** 太い直根から再生するが、通常は栄養繁殖をしない

越冬後、夏に抽台・開花し、晩夏〜初秋に結実する。種子の休眠は弱く、落下した種子の一部は間もなく発芽し、幼植物で越冬する。一部の種子は翌春〜夏に発生する。結実後は根に栄養分を蓄え越冬する。

種子生産量は1株当たり5,000〜7,000個。光発芽性。発生深度は10 cmほどが限界。土中種子は5年後にも60%が発芽したという。乳牛に採食され、排せつされ、3カ月間スラリーに浸漬されても発芽力を失わないものあり。

根は直根で越冬芽は基部に多く、根の再生力は冠部から3 cmくらいまで旺盛。地表で凍結した場合は再生力を失うことが多い。他のギシギシ類との自然種間交雑が容易という。花には雄花、雌花、両性花がある。

エゾノギシギシ

実生の生育初期

実生の越冬後

生育中期（大豆畑）

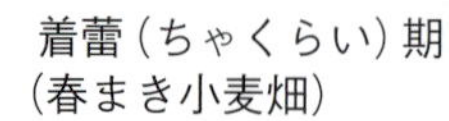

着蕾（ちゃくらい）期
（春まき小麦畑）

開花期（水田畦畔〈けいはん〉）

花（雄花と雌花）

花（両性花）

結実期（秋まき小麦畑）

類似種との見分け方

ほかのギシギシ類とは、幼植物での区別はしにくい。開花期以降なら花被片のとげの有無と瘤体（りゅうたい）の数で区別できる。本種の花被片のとげは鋭く、瘤体は１個。瘤体は赤みを帯びる。

双子葉

100 ナガバギシギシ

●タデ科 ●Rumex crispus ●多年生

実生の芽生え

●**生育型** 偽ロゼット型

●**繁殖器官** 種子、根

●**主な種子散布方法** 重力によって自然落下する

●**種子以外の繁殖法** 太い直根から再生するが、通常は栄養繁殖をしない

生育の様子はエゾノギシギシ（p.291）と同様で、防除対策も同じで差し支えない。

種子生産量は、1株当たり1,000〜6万個で、3,000〜4,000個が多い。発芽適温は10〜30℃。種子寿命は、土中で80年の例あり。種子を土中50 cm深に埋設した場合、50年後に52％発芽した例もある。水中で42カ月間生存したともいう。根は直根。地上部を刈り取っても、根からの再生が著しい。

定着株の生育初期

生育中期

ナガバギシギシ

生育盛期

着蕾（ちゃくらい）期

類似種との見分け方

花被のとげはなく、瘤(りゅう)体(たい)は3個、うち2個は小さい。葉身はエゾノギシギシ（p.291）に比べて細長く、周囲は波打っている。

果実の花被片の比較
（左からノダイオウ、エゾノギシギシ、ナガバギシギシ）

双子葉

101 ギシギシ

●タデ科　● *Rumex japonicus*　●多年生

生育盛期

生育の様子はエゾノギシギシ（p.291）と同様。種子は秋に出芽し、幼苗で越冬する。成植物の地上部は一度枯れるが、根際から萌芽し、根生葉で越冬する。太い直根の場合、基部から4 cmくらいまでは細断されても、よく萌芽する。それ以下ではほとんど萌芽しない。花被のとげは浅く、瘤体（りゅうたい）は3個。

●**生育型**　偽ロゼット型
●**繁殖器官**　種子、根
●**主な種子散布方法**　重力によって自然落下する
●**種子以外の繁殖法**　太い直根から再生するが、通常は栄養繁殖をしない

結実期

果実の瘤体（りゅうたい）比較（左からナガバギシギシ、ギシギシ、エゾノギシギシ、ノダイオウ）

類似種との見分け方

　花被片のとげはなく、浅い鋸歯縁（きょし）、瘤体は3個。全草で赤みは帯びない。

102 ノダイオウ

●タデ科 ●Rumex longifolius ●多年生

実生の芽生え

●**生育型**　偽ロゼット型
●**繁殖器官**　種子、根
●**主な種子散布方法**　重力によって自然落下する
●**種子以外の繁殖法**　太い直根から再生するが、通常は栄養繁殖をしない

ギシギシ類の中でも大型。花・果実がびっしりつく。生育の様子はエゾノギシギシ（p.291）と同様。多湿地に多く、根釧地域の牧草地で目立つ。本種と同じく瘤体（りゅうたい）のないギシギシ類は、道内でも数種が発生する。

定着株の生育初期

類似種との見分け方

本種には花被片のとげはなく、瘤体(りゅうたい)もない。瘤体のないギシギシ類は道内ではノダイオウ、ヌマダイオウ(R. aquaticus)、カラフトダイオウ(R. gmelinii)の3種があり、区別は微妙。エゾノギシギシ(p.291)、ナガバギシギシ(p.294)との自然交雑種もしばしば見られるという。

生育中期

生育盛期

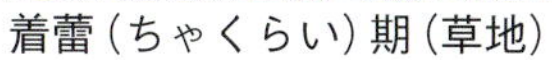

着蕾（ちゃくらい）期（草地）

間もなく開花（草地）

枯熟

双子葉

103 コガネギシギシ

●タデ科　● Rumex maritimus var. ochotskius　●夏生一年生、越冬一年生

実生の芽生え

海岸近くの牧草地に発生することがある。ほかのギシギシ類は多年生だが、本種は一年生。

●生育型　偽ロゼット型
●繁殖器官　種子
●主な種子散布方法　重力によって自然落下する
●種子以外の繁殖法　通常は栄養繁殖をしない

生育盛期

結実期

果実の比較
(左がコガネギシギシ、右はエゾノギシギシ)

結実

類似種との見分け方

花被片のとげは鋭く長く、瘤体(りゅうたい)は3個で大きい。

双子葉 ★

104 エノキグサ

●トウダイグサ科　● Acalypha australis　●夏生一年生

実生の芽生え

●生育型　直立型
●繁殖器官　種子
●主な種子散布方法　果皮の裂開などによってはじかれる。後にアリによって運ばれることあり
●種子以外の繁殖法　通常は栄養繁殖をしない

春から夏の終わりまでいつでも発生する。生育期間は短く。発生後30～40日で種子を落とす。種子は休眠がないか、あってもすぐに覚めるのか、本州では年3回の世代交代が可能とされている。道内でも、発生が早いと年内に再発生している可能性もある。

種子生産量は1株当たり50～300個。千粒重は1.5gくらいと、雑草種子としては大きい。種子にはエライオソームが付き、はじかれた後、一部はアリによって運ばれる。発生深度の限界は5cmで、3cm以内からの発生が多い。土中種子の寿命は4、5年。雌雄異花。

生育初期

生育中期

生育中期（大豆畑）

開花期（大豆畑）

結実期

類似種との見分け方

本種の葉がエノキの葉に似ていることから名付けられたという。エノキは北海道には分布せず、エゾエノキが道南方面にあり、実生とは似ているかもしれない。しかし、どちらも樹木。

花（房状の雄花とひげ状の雌花）

果実

双子葉

105 ワルナスビ（オニナスビ、ノハラナスビ）

●ナス科　● Solanum carolinense　●多年生

着蕾（ちゃくらい）期

越冬した地中の横走根から萌芽し、地上茎を立てる。茎はとげがあり、直立し、節ごとに屈曲しながら分枝する。葉には大きな鋸歯（きょし）があり、両面に星状毛が密生し、裏面脈上と葉柄に鋭いとげがある。地下 10 cm ほどの所を横に伸びる横走根と垂直に伸びる垂直根があり、どちらも不定芽から萌芽する。耕起で細断されても旺盛に萌芽し増殖する。

全草にソラニンを含有し、有毒。とげがあり、家畜は摂食を避けるため、放牧地では重要害草。畑地でも、いったん侵入させると駆除は難しくなる。果実混入による品質低下は避けられない。土壌環境への適応性は大きく、耐干性や耐陰性もある。土壌中の種子の寿命は 112 年にも及ぶ、との報告がある。

●**生育型**　直立型
●**繁殖器官**　種子、根
●**主な種子散布方法**　重力によって自然落下する
●**種子以外の繁殖法**　横走根が伸び、やや広範囲に広がる

開花期

類似種との見分け方

花は、馬鈴しょ（ジャガイモ、S. tuberosum）のそれと似ている。茎、葉柄と葉裏主脈上、花柄に鋭いとげがあり、馬鈴しょにはない。

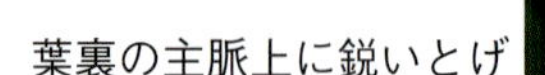

葉裏の主脈上に鋭いとげ

双子葉 ★

106 イヌホオズキ

●ナス科 ● Solanum nigrum ●夏生一年生

実生の芽生え（子葉）

●**生育型** 分枝型
●**繁殖器官** 種子
●**主な種子散布方法** 重力によって自然落下したり、動物に食べられて運ばれる
●**種子以外の繁殖法** 通常は栄養繁殖をしない

春～夏に発生、夏～秋に開花・結実。種子生産量は1株当たり8,000～17万8,000個にもなるという。種子の発芽は明条件、20～30℃の範囲の変温で良好。畑では、日中の温度が20℃以上でよく発芽する。発生深度は6～8 cm以内。種子寿命は室温で9年以上。土中では4年半後での生存が10%以下の例もある。吸水種子は47℃、24時間処理でも生存するものもあり、55℃ではほとんど死滅したという。

全草にソラニンを含有し、有毒。ジャガイモシストセンチュウの寄主となるが、シストの形成は少なく、抵抗性品種と同様に土壌中の線虫密度を低下させるという。しかし非寄主作物を作付けるか、抵抗性品種との輪作が基本。

本葉２枚目抽出

本葉３枚目抽出

生育初期（てん菜畑）

生育中期（トウモロコシ畑）

類似種との見分け方

子葉、幼葉には毛や腺毛がある。成葉はほとんど無毛。花は拡大すると馬鈴しょのそれと似ているが、ずっと小さい。実生も似ているが、馬鈴しょの実生が圃場に発生することはまずない。近縁外来種が帰化しており、耕地にも侵入しつつある。

開花期（大豆畑）

開花期（トウモロコシ畑）

花

果実（完熟〈中央〉と未熟〈右〉）

双子葉

107 ミミナグサ

●ナデシコ科 ● Cerastium fontanum subsp. vulgare var. angustifolium ●夏生一年生、越冬一年生

生育初期〜中期

主に夏〜秋に発生し、越冬。翌春〜夏に開花・結実する。全体に開出する毛が多く、茎の上方や花柄に腺毛が混じる。がく片の長さは4〜5 mmで、花柄はがく片よりやや長い。

種子生産量1株当たり5,400個。種子には休眠がある。

●生育型　分枝型
●繁殖器官　種子
●主な種子散布方法　重力によって自然落下する
●種子以外の繁殖法　通常は栄養繁殖をしない

越冬前

類似種との見分け方

基準亜種オオミミナグサ（subsp. vulgare）の花はやや大きくがく片の長さが5～6 mm。オランダミミナグサ（C. glomeratum）の小花柄はがく片より短く、花序が詰まって見える。茎、花柄、がくに腺毛が多い。

越冬後の生育初期

ミミナグサ

開花期（馬鈴しょ畑）

開花期（秋まき小麦畑）

花

花柄やがくに腺毛が密生

108 ツメクサ

●ナデシコ科　● *Sagina japonica*　●夏生一年生、越冬一年生

実生の芽生え

農耕期間のいつでも発生し、開花する。成植物の草丈は通常 5～10 cm で小型の雑草だが、発生地では発生量が多くなり、養分競合が起きる。茎は根本で分枝する。葉は細く肉質でやや扁平(へんぺい)で先はとがり、柄と托葉(たくよう)はない。植物体上部に腺毛がある。花は5数性。

種子生産量は1株当たり1,300個程度。種子に休眠性あり。発生深度は2～3 cm が限界。土中種子の寿命は約2年。

●**生育型**　分枝型
●**繁殖器官**　種子
●**主な種子散布方法**　重力によって自然落下する
●**種子以外の繁殖法**　通常は栄養繁殖をしない

ツメクサ

実生の初期生育

盛んに本葉抽出

着蕾（ちゃくらい）期

開花期

開花結実期

類似種との見分け方

アライトツメクサ（S. procumbens）はより小型で花は4数性で全身無毛。通常、花に花弁がない。クローバ類のツメクサは「詰め草」のことで、こちらのツメクサは鳥の「爪草」を指し、草姿が全く異なる。

花

双子葉 ★

109 ノハラツメクサ

●ナデシコ科　● Spergula arvensis var. arvensis　●夏生一年生

実生の芽生え

農耕期間のいつでも発生し、開花する。生育期間は短く、次々に発生し、次々に種子を落とす。葉はやや肉質、線形で先は丸くてとがらず、何段も輪生状に付き、それぞれ10枚ほど。柄はなく、基部に膜質の托葉（たくよう）がある。種子には乳状突起がある。

種子生産量は1株当たり3,000～7,500個。土中種子の寿命は10年以上。家畜に採食されても死滅しない。発生地では土中の埋蔵種子が大量で、表面上は駆除できていても、ロータリカルチなどの後に大量に発生することがある。

●生育型　分枝型
●繁殖器官　種子
●主な種子散布方法　重力によって自然落下する
●種子以外の繁殖法　通常は栄養繁殖をしない

生育初期（てん菜畑）

生育中期（馬鈴しょ畑）

生育盛期（トウモロコシ畑）

開花期（中耕後のトウモロコシ畑）

開花期

花（雄しべは 5 か 10 本、花柱は 5 個）

種子の乳状突起

類似種との見分け方

オオツメクサ（var. sativa）とは外見上区別が付かない。オオツメクサの種子には乳状突起がない。なお道内でオオツメクサの分布は確認されていないようだ。畑地で観察した限りでは全ての例で乳状突起が見られた。

双子葉

110 ウスベニツメクサ

●ナデシコ科 ● *Spergularia rubra* ●夏生一年生、越冬一年生

越冬後（1株）

主に夏～秋に発生し、越冬。翌春～夏に開花・結実する。茎は根際で分枝し、地面に伏すようにして伸び、先端は斜上する。葉は対生、各節に多数つき輪生状になる。葉は線形、先は針状にとがる。花柄やがく片に腺毛が密生する。雄しべは5～10本、花柱は3個。

●**生育型**　分枝型
●**繁殖器官**　種子
●**主な種子散布方法**　重力によって自然落下する
●**種子以外の繁殖法**　通常は栄養繁殖をしない

越冬後

開花期（牧草地）

類似種との見分け方

草姿はツメクサ（p.315）とよく似ている。ウスベニツメクサの触感は硬く、花弁に紅を差す。ツメクサは柔らかく、白。

花。雄しべは 10 本、花柱は 3 個

双子葉 ★

111 コハコベ（ハコベ）

●ナデシコ科　● Stellaria media　●夏生一年生、越冬一年生

実生の芽生え

前年秋に発生した越冬株は早春から開花。その一方で種子からの発生も始まる。秋まで発生し続ける。日長反応は中性で、いつでも開花・結実できる。開花まで25～50日、開花から結実まで10日くらいで、道内でも1年に3世代更新できる。茎は赤紫色を帯び、地面を這い、先で斜上する。地面に接した節から発根する。第3節から上の茎の片側に毛の列がある。花柱は3個、雄ずいは通常、3～5個。

種子生産量は1株当たり400～2,500個。新鮮種子の休眠はごく浅く、落下するとすぐに発芽する。土中種子寿命は5年以上。深さ1cm程度以内からだらだらと発生。家畜に採食されても死滅しない。根はひげ根で根圏は土壌表層にある。

●**生育型**　分枝型
●**繁殖器官**　種子
●**主な種子散布方法**　重力によって自然落下する
●**種子以外の繁殖法**　茎が地上を這（は）い、節から根を下ろすが、通常は栄養繁殖をしない

生育初期

生育中期（てん菜畑）

耕起で埋没した越冬株の開花（菜豆畑）

越冬前

越冬直後、すぐに開花（秋まき小麦畑）

類似種との見分け方

ミドリハコベ（S. neglecta）の別名もハコベ。葉は大きめで、雄ずいは5〜10個。在来種で、春の七草はこの種かもしれない。イヌコハコベ（S. pallida）に花弁はない。この2種は、茎葉ではコハコベとの区別がつきにくい。ウシハコベ（p.326）の花柱は5個。

花。雄ずいは3〜5個

毛の列

ミドリハコベの花。雄ずいは5〜10個

双子葉

112 ウシハコベ

●ナデシコ科　● Stellaria aquatica　●越冬一年生～多年生

実生の芽生え

コハコベより大型。夏～秋に発生し、越冬する。越冬株は夏に結実する。種子の休眠は浅く、間もなく発芽できる。株が生存して多年生になることもある。茎の最上部に毛の列がある。茎上部、花柄、がく片に長毛と腺毛がある。花柱は5個。

種子生産量は1株当たり250個ほど。根はひげ根状になる。

●**生育型**　分枝型
●**繁殖器官**　種子
●**主な種子散布方法**　重力によって自然落下する
●**種子以外の繁殖法**　通常は栄養繁殖をしない

生育中期

開花期（牧草地）

花

類似種との見分け方

コハコベ（p.323）は小型で、花柱が３個。

双子葉

113 ノミノフスマ

●ナデシコ科 ● Stellaria uliginosa var. undulata ●夏生一年生

実生の芽生え

晩春～初夏に発生。夏には開花。麦畑などでは作物に絡み付くように伸び、たまねぎ畑など裸地が広い所では横に広がり大きな株になる。

種子生産量は1株当たり2,000～3,000個。種子に休眠がある。発芽適温は15～20℃、5℃や30℃ではほとんど発芽しない。光発芽性で、発生深度は普通1 cm以内で、5 cmが限度。夏季、たん水処理をすると、土壌表層の種子は死滅し、下層のものは死滅しない。

●**生育型**　分枝型
●**繁殖器官**　種子
●**主な種子散布方法**　重力によって自然落下する
●**種子以外の繁殖法**　通常は栄養繁殖をしない

実生の初期生育

生育中期

生育盛期（たまねぎ畑）

開花・結実期（たまねぎ畑）

開花期

類似種との見分け方

ノミノツヅリ（Arenaria serpyllifolia）の茎葉はやや硬く、有毛。本種は柔らかく、無毛。白い花で5弁、ノミノツヅリは5枚に見え、本種では切れ込みが深く10枚に見える。

ノミノツヅリの開花期

ノミノツヅリの花

双子葉 ★

114 シロザ

●ヒユ科（アカザ科） ●Chenopodium album ●夏生一年生

実生の芽生え

早春から夏に発生。秋まで続くこともある。夏遅くに発生し、草丈数センチメートル、作物の陰になっていても、結実できる。全草無毛。茎は直立、分枝し、高さは1m以上になる。若葉や葉裏は白い粉粒に覆われ、白っぽく見える。

通常の種子生産量は1株当たり7万個。大型になると、50万個の例もある。種子には休眠がある。出芽深度は2～3cm以内。土中種子の寿命は数十年。

幼苗期の刈り取り後の再生は弱い。陽性で、アルカリ性の土壌を好み、乾燥に強い。えん麦の3倍以上の窒素吸収力がある。若い葉につく粉が赤いものを変種アカザ（var. centrorubrum）とする。生育が進むと赤みは薄れ区別が付きにくくなる。

●生育型　直立型
●繁殖器官　種子
●主な種子散布方法　重力によって自然落下する
●種子以外の繁殖法　通常は栄養繁殖をしない

シロザ

実生の生育初期

生育初期

生育中期

生育盛期
（水田畦畔〈けいはん〉）

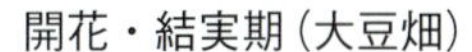
開花・結実期（大豆畑）

枯熟期（大豆畑）。除草剤散布のミスで列状に残る

類似種との見分け方

コアカザ（p.334）に似るが、コアカザは葉が細めで、浅く3裂するので生育初期から区別できる。コアカザはあまり分枝しない。

花

アカザ（大豆畑）

双子葉

115 コアカザ

●ヒユ科（アカザ科） ● *Chenopodium ficifolium* ●夏生一年生

生育中期（秋まき小麦畑）

春に発生し、初夏に開花・結実する。茎は直立、または分枝して横に広がる。葉はやや細めで浅く3裂する。花は初めは雌性で、後に雄性に変わる。アカザ属3種（シロザ〈p.331〉、コアカザ、ウラジロアカザ〈p.336〉）のうちでは最も早生。種子の発芽率に明条件と暗条件とで差がない。種子には休眠がある。

●**生育型**　直立型とほふく型がある

●**繁殖器官**　種子

●**主な種子散布方法**　重力によって自然落下する

●**種子以外の繁殖法**　通常は栄養繁殖をしない

着蕾（ちゃくらい）期（トウモロコシ畑）

開花期（トウモロコシ畑）

生育旺盛株（トウモロコシ畑）

類似種との見分け方

シロザ（p.331）に似るが、葉が浅く3裂するので生育初期から区別できる。

双子葉

116 ウラジロアカザ

●ヒユ科（アカザ科） ● *Chenopodium glaucum* ●夏生一年生

生育中期

春に発生、夏に開花し結実する。茎は地を這(は)い、上部は斜上する。葉の形はコアカザ（p.334）に似ているが、肉厚で、主脈が白く目立ち、裏面は粉白色。花序は枝先や葉腋(ようえき)につき、両性花と雌性花が混在する。

種子生産量は1株当たり8万個も。種子の休眠は浅い。種子の寿命は乾燥条件下で数年。吸水種子は55℃ 24時間処理で死滅、47℃では生存ありという。

●**生育型**　分枝型

●**繁殖器官**　種子

●**主な種子散布方法**　重力によって自然落下する

●**種子以外の繁殖法**　通常は栄養繁殖をしない

着蕾（ちゃくらい）期

開花期

類似種との見分け方

茎は地を這（は）い、葉は肉厚で主脈が白く目立つので、アカザ属の他２種（シロザ〈p.331〉、コアカザ〈p.334〉）と区別できる。

117 イヌビユ

●ヒユ科　● *Amaranthus blitum*　●夏生一年生

実生の芽生え期

春に発生、夏～秋に開花・結実。茎は地を這って斜上する。茎は無毛。葉の先はくぼむ。花序は頂生および腋生で、葉腋にも多くの花が団子状につく。雌雄同株で雄花と雌花が花序中に雑居する。小苞は花被片の半分ほどの長さ。果実は裂開しない。

種子生産量は1株当たり2,000～1万個。種子に休眠があり、冬季間の低温で覚醒、平均気温10℃くらいになると発生を始める。発生深度は4～5 cm以内。土中種子の寿命は4、5年。吸水種子は55℃ 24時間処理で死滅、47℃では多くが生存したという。完熟化した堆肥では生き残ることが少ない。家畜に採食されても死滅しないで排せつされる。

●**生育型**　直立型とほふく型がある
●**繁殖器官**　種子
●**主な種子散布方法**　重力によって自然落下する
●**種子以外の繁殖法**　通常は栄養繁殖をしない

生育初期

生育中期（トウモロコシ畑）

着蕾（ちゃくらい）期（トウモロコシ畑）

着蕾～開花期（アスパラガス畑）

開花～結実期

類似種との見分け方

イヌビユは本葉1、2葉でも葉先がはっきりとくぼむ。成植物でも葉先のくぼみは明瞭。ホナガイヌビユ（A. viridis）は全体的に似ているが、成植物の葉先はあまりくぼまず、花序は頂生。

茎は無毛

双子葉

118 ホソアオゲイトウ

●ヒユ科 ● Amaranthus hybridus ●夏生一年生

生育初期

春に発生、夏～秋に開花・結実。茎はほぼ直立、茎と葉裏脈上に毛がある。生育中期以降の葉は中央より基部側で最も幅が広い。葉先はあまりくぼまず、葉の縁は波打つ。花序は頂生および腋生(えきせい)で、軸には縮毛を密生する。頂生の花序は円すい形で直立または先端がやや下垂し、基部では多数分枝する。花被片は5枚で先が狭い。小苞(しょうほう)は花被の1.5倍ほどの長さ。果実は花被片とほぼ同長かわずかに長い。果実は中央付近で横に裂開し、ふたが取れて種子を出す。

種子生産量は1株当たり約3万個。種子に休眠あり。発芽適温は20～35℃。

●**生育型** 直立型
●**繁殖器官** 種子
●**主な種子散布方法** 重力によって自然落下する
●**種子以外の繁殖法** 通常は栄養繁殖をしない

ホソアオゲイトウ

生育中期

着蕾（ちゃくらい）期

頂生の花序は円すい状。下部で分枝する

茎には軟毛多数

類似種との見分け方

成植物では、茎と葉裏脈上に毛がある。アオゲイトウ（p.345）の花被片の形は先の方が広く、本種は狭くなる。アオゲイトウやホナガアオゲイトウ（p.343）との間に自然交雑があり、区別をさらに困難にしている。生育中期以降の葉は中央より基部側で最も幅が広いが、ホナガアオゲイトウの葉は中央より先で最も幅の広いことが多い。

119 ホナガアオゲイトウ（イガホビユ）

●ヒユ科 ● Amaranthus powellii ●夏生一年生

生育初期

春に発生、夏～秋に開花・結実。茎はほぼ直立、茎と葉裏はほぼ無毛。生育中期以降の葉は中央より先の幅が最も広いことが多い。葉先はあまりくぼまず、葉の縁はあまり波打たない。花序は頂生および腋生（えきせい）で、軸には縮毛がまばらに生えるかほとんど無毛。頂生の花序は円柱状で直立し、ほとんど分枝しない。花被片は3～5枚で先が狭い。小苞（しょうほう）は花被の2倍ほどの長さで、先がとがり、目立つ。果実は花被片とほぼ同長か、わずかに長い。果実は中央付近で横に裂開し、ふたが取れて種子を出す。草丈5 cmほどにしか成長しなくても、開花・結実できる。

●**生育型**　直立型
●**繁殖器官**　種子
●**主な種子散布方法**　重力によって自然落下する
●**種子以外の繁殖法**　通常は栄養繁殖をしない

ホナガアオゲイトウ

生育中期

開花結実期（ブロッコリー畑）

開花結実期（てん菜畑）

生育量が少なくても開花できる（大豆畑）

類似種との見分け方

ホソアオゲイトウ（p.341）と見分けのつかないこともある。生育中期以降の葉は中央より先で最も幅の広いことが多く、ホソアオゲイトウでは中央より基部で最も幅が広い。

双子葉

120 アオゲイトウ

●ヒユ科　● *Amaranthus retroflexus*　●夏生一年生

実生の生育初期

　春に発生、夏～秋に開花・結実。休眠は浅く、2次休眠もほとんどない。落ちた種子の一部はすぐに発芽し、中耕などで土壌を撹拌（かくはん）すると晩夏まで発生し、小さくても開花・結実する。茎は直立、短毛が密生する。葉は上面無毛、下面の脈上に軟毛がある。花序は頂生および腋生（えきせい）で、軸には縮毛が密生する。雌雄異花で、花序に混在する。頂生の花序は直立して上部は円柱状、下部から少数の枝を出す。花被片は5枚でヘラ形で先のほうが広い。小苞（しょうほう）は花被片の1.5～3倍ほどの長さで、先は芒（のぎ）状にとがる。果実は花被片よりも短い。果実は中央で横に裂開し、ふたが取れて種子を出す。

　種子生産量は1株当たり25万～50万個。土中種子の寿命は10年以上。

●**生育型**　直立型

●**繁殖器官**　種子

●**主な種子散布方法**　重力によって自然落下する

●**種子以外の繁殖法**　通常は栄養繁殖をしない

生育初期

類似種との見分け方

ホソアオゲイトウ（p.341）やホナガアオゲイトウ（p.343）と極似するが、幼植物でも本種には毛があり、他種には少ない。ホソアオゲイトウに比べ葉の縁はあまり波打たない。

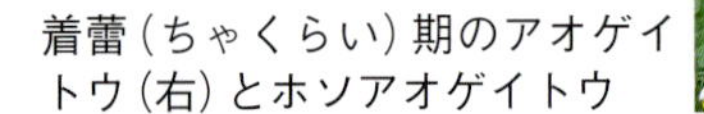

着蕾（ちゃくらい）期のアオゲイトウ（右）とホソアオゲイトウ

双子葉

121 ヒルガオ

●ヒルガオ科　● Calystegia pubescens　●多年生

越冬根茎から萌芽後の生育初期（馬鈴しょ畑）

つる性で作物に巻き付いて伸びる。冬には地上部が枯れ、翌春、越冬した根茎から萌芽し、夏に開花する。根茎が四方に広がり分株する。その切片による増殖も旺盛。葉は矛形で側片は分裂しない。苞（ほう）は大きくがくを覆い、先はとがらない。ヒルガオ科の帰化植物が日本各地で見つかっており、要注意だ。

●生育型　つる型
●繁殖器官　種子、根茎
●主な種子散布方法　重力によって自然落下する
●種子以外の繁殖法　根茎が横走し、やや広範囲に広がる

つる伸長（馬鈴しょ畑）

作物に巻き付いて伸びる（春まき小麦畑）

生育盛期（春まき小麦畑）

開花期（春まき小麦畑）

花。苞(ほう)は鈍頭、花柄に翼(よく)なし

多発畑(春まき小麦畑)

類似種との見分け方

ヒルガオ（苞は鈍頭）とコヒルガオ（C. hederacea、花柄の上部に縮れた翼があり、苞は鋭頭、三角状の矛形の葉の側片は2裂）は、自家不和合性であまり結実しない。ヒロハヒルガオ（C. sepium、苞は鋭頭）とセイヨウヒルガオ（C. arvensis、苞は小型）とは、種子による繁殖も旺盛。

コヒルガオの葉。側片は横に張り出して先がへこむ

コヒルガオの花。花柄に翼あり

双子葉

122 アメリカネナシカズラ

●ヒルガオ科 ●Cuscuta campestris ●夏生一年生

実生の芽生え（佐藤久泰原図）

つる性の寄生植物。宿主は選ばず多くの作物に寄生する。葉緑素はなく、宿主がないと、発芽後10〜15日で枯死する。春、種子からの発生当初は土中に根があり、針金状の茎が宿主に巻き付きながら伸び上がり、寄生根を宿主の組織内に侵入させて寄生する。寄生が始まると茎の基部と土中の根は枯れる。茎は無毛、葉はなく、節に黄褐色の小さい鱗片（りんぺん）をつける。鱗片の腋（えき）にたくさんの花をつけ、夏に開花。

種子には休眠がある。発芽適温は20〜30℃、暗条件でも発芽する。種子の寿命は長く、51年前の種子でも硫酸処理すると20%が発芽したという。本種の発生により、馬鈴しょで72%減収した例がある。

●**生育型**　つる型
●**繁殖器官**　種子
●**主な種子散布方法**　重力によって自然落下する
●**種子以外の繁殖法**　通常は栄養繁殖をしない

生育初期（アルファルファ新播草地）

馬鈴しょに寄生（佐藤久泰原図）

てん菜に寄生（佐藤久泰原図）

アメリカネナシカズラ

アルファルファに寄生、開花期（佐藤久泰原図）

寄生根で侵入しシソに寄生（佐藤久泰原図）

ねぎにも寄生（佐藤久泰原図）

双子葉

123 ムラサキツメクサ（アカツメクサ、アカクローバ）

●マメ科　● Trifolium pratense　●多年生

実生の芽生え。本葉１枚目は単葉、２枚目以降は３出複葉

茎は直立または斜上し、開出する軟毛が多い。葉は小葉３枚の複葉で、葉の両面、葉柄に軟毛がある。托葉（たくよう）は膜質で、葉柄に合着する。花は淡紅色、まれに白色。寒冷寡照地域では優秀な採草用のマメ科牧草だが、畑地に侵入すると邪魔になる。

●**生育型**　直立型とほふく型がある
●**繁殖器官**　種子、根茎
●**主な種子散布方法**　重力によって自然落下する
●**種子以外の繁殖法**　根茎が短く分枝し、親株の近くに広がる

ムラサキツメクサ

生育中期

葉。葉柄に毛あり

開花期

双子葉

124 シロツメクサ（シロクローバ）

●マメ科　● Trifolium repens　●多年生

実生の芽生え。本葉１枚目は単葉

●**生育型**　ほふく型
●**繁殖器官**　種子、ほふく茎
●**主な種子散布方法**　重力によって自然落下する
●**種子以外の繁殖法**　茎が地上を這（は）い、節から根を下ろして広がる

茎は無毛で、根元から多く分枝し、ほふくする。所々、節から根を出す。通常、葉は３出複葉で、先端がややくぼみ、両面無毛。花は白色。

土中種子寿命は５年くらい。種子は家畜に採食されても死なない。優秀なマメ科牧草だが、畑地に侵入すると邪魔になる。

生育中期

類似種との見分け方

タチオランダゲンゲ（アルサイククローバ、T. hybridum）の茎は直立し、花の色は淡紅色、まれに白色。

花

葉。葉柄に毛なし

双子葉

125 ノハラムラサキ

●ムラサキ科 ● *Myosotis arvensis* ●夏生一年生、越冬一年生

実生の芽生え

春から秋まで発生。夏までに発生したものは秋までに開花・結実する。秋に発生したものはロゼットを形成し、越冬する。越冬後は分枝して春のうちに開花・結実する。全体に白色の軟毛が多い。花序は片側生し先が巻いているが、開花が下から進むにつれ、ほどけて伸びていく。花冠は淡青色で、5裂して皿形に開く。径は3 mmほど。がくは5中裂し、かぎ形の毛が目立つ。

種子はすぐに発芽可能で、休眠状態のものもある。種子寿命は室内保存で3年、土壌中では42年に及んだ例もある。休眠は光によって打破される。

●**生育型**　初め一時ロゼット型で分枝型に変わる
●**繁殖器官**　種子
●**主な種子散布方法**　重力によって自然落下する
●**種子以外の繁殖法**　通常は栄養繁殖をしない

ノハラムラサキ

生育初期

生育中期

着蕾（ちゃくらい）期

開花期

花は平開せず、皿形に咲き、がく片にかぎ毛がある

類似種との見分け方

エゾムラサキ（M. sylvatica）はノハラムラサキに比べて大きめで、花は平開し、径5 mm ほど。がくにはかぎ状の毛がある。水田畦畔（けいはん）にも生育する。ノハラワスレナグサ（M. alpestris）は大きく、花は平開し、径8 mm ほどになる。がくには短い毛が平伏し、かぎ状の毛はない。

双子葉

126 コンフリー

●ムラサキ科　●Symphytum x uplandicum　●多年生

越冬根茎から萌芽した根生葉

ヒレハリソウ（Symphytum officinale）とオオハリソウ（S. asperum）との自然交雑種。太い根が発達し、地上部を刈り取られても、根茎の断片から旺盛に再生する。大きな地上部も冬には枯れ、春先に越冬根茎から萌芽し、初夏に開花・結実する。開花前に刈り取られて再生した株は、秋に開花することもある。牧草地に多発することがある。

明治期に薬用、食用に栽培されたことがあり、後に逸出した。地下部にアルカロイドを含み、人や家畜で中毒例がある。

●**生育型**　初め一時ロゼット型で分枝型に変わる
●**繁殖器官**　種子、根茎
●**主な種子散布方法**　重力によって自然落下する
●**種子以外の繁殖法**　根茎が短く分枝し、親株の近くに広がる

生育初期（秋まき小麦畑）

生育中期（秋まき小麦畑）

生育盛期（牧草地）

開花期（水田畦畔〈けいはん〉）

開花期

太い根茎から再生

越冬前（大豆畑）

類似種との見分け方

現在、日本で見られるのは、この交雑種だけといわれている。

双子葉

127 ヨウシュヤマゴボウ（アメリカヤマゴボウ）

●ヤマゴボウ科 ● *Phytolacca americana* ●多年生

開花期（大豆畑）

茎は時に2m以上に達し、上部で旺盛に分枝し、紅色を帯びる。葉は無毛、長い柄がある。葉身は5～25cmの楕円（だえん）形で、全縁。基部はくさび形で先はとがる。花序には長い柄があり、葉と対生するように出て、多数の花がつく。開花時には直立し果時には下垂する。花弁はなく、がく片が5枚あり、白色～淡紅色、果時まで残り赤くなる。1花に雄しべは10本、種子は10個。全草、特に肥大する根と種子は猛毒で、誤食すると死に至ることもある。

●**生育型**　直立型
●**繁殖器官**　種子、根
●**主な種子散布方法**　人や動物に着いて運ばれる
●**種子以外の繁殖法**　肥大する直根上部から再生する

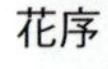

花序

大豆畑で

花。がく5枚、雄しべ10本、雌しべは10個の合着した心皮からなり、先端に同数の短い花柱がある

類似種との見分け方

ヤマゴボウ（P. acinosa）の花序には短い柄があって直立し、果時にも下垂しない。1花に種子は8個。茎は淡緑色。山菜の「山ごぼう」は全くの別種で、キク科のモリアザミやゴボウが使われる。

単子葉 ★

128 コヌカグサ（レッドトップ）

●イネ科　● Agrostis gigantea　●多年生

越冬根茎からの萌芽生育初期

●**生育型**　そう生型
●**繁殖器官**　種子、根茎
●**主な種子散布方法**　重力によって自然落下したり、動物に着いて運ばれる
●**種子以外の繁殖法**　根茎が横走し、やや広範囲に広がる

根茎で越冬し、春に萌芽する。小麦の連作圃場では小麦と共に生育し、小麦の成熟期ごろに成熟する。成植物の葉舌は高さ 3～5 mm、上は裂けてギザギザになる。

種子生産量は 1 穂当たり約 1,000 個。開花後 1 週間で、発芽能力を持つようになる。休眠期間が短く、湿潤な土壌表面で容易に発芽する。土中種子の寿命は 5 年以上。多数の根茎を密に伸ばし、先端を地上に出して繁殖する。根茎からの出芽深度は約 10 cm まで。円すい花序の枝は長く、淡緑色または紫褐色の小穂を密につける。穂に水滴を保持しやすく、小麦の低アミロ化、穂発芽を助長する。コンバイン収穫によって種子が散布される。麦角病菌の寄主でもある。変異が多く、類似種との交雑もあるらしい。

コヌカグサ

節間伸長期（秋まき小麦の開花期）

出穂期（秋まき小麦畑）

開花期（秋まき小麦畑）

雨露を保持

秋まき小麦収穫後。耕運時に細断されて土中に埋められても、絶えない

根茎で増殖する

葉舌は高さ 3～5 mm で、上は裂ける

類似種との見分け方

シバムギ（p.381）の葉舌は1 mm ほど。ハイコヌカグサは水田雑草の項（p.61）を参照。

単子葉

129 オオスズメノテッポウ（メドーフォックステイル）

●イネ科
● Alopecurus pratensis　●多年生

採草地で

根茎が横走し増殖する。穂は灰褐色。もともとは牧草として導入されたが、現在では利用されない。オオアワガエリ（チモシー、Phleum pratense）より開花が早く、その採草地に侵入すると刈り取り適期には生育が進み過ぎて栄養価を落とす。

●**生育型**　そう生型
●**繁殖器官**　種子、根茎
●**主な種子散布方法**　重力によって自然落下する
●**種子以外の繁殖法**　根茎が横走し、やや広範囲に広がる

出穂～結実期

類似種との見分け方

オオアワガエリの根茎はごく短く、穂は緑色。

オオアワガエリの開花期

単子葉

130 ハルガヤ

●イネ科　● Anthoxanthum odoratum　●多年生

開花期（水田畦畔〈けいはん〉）

●**生育型**　そう生型

●**繁殖器官**　種子、根茎

●**主な種子散布方法**　重力によって自然落下する

●**種子以外の繁殖法**　根茎が短く分枝し、親株の近くに広がる

茎葉は枯れずに越冬。稈（かん）は基部で分げつし束生する。葉身は柔らかく、まばらに軟毛があるかまたはない。通常、葉鞘（ようしょう）にも毛があり、葉舌は膜質で高さは2～5 mm。晩春～初夏に出穂する。雄性先熟で、葯（やく）が脱落した後に長い柱頭が小穂の外に出る。小穂と小穂の柄に毛がある。葉や葉鞘にも毛がある。ただし、毛の少ないタイプもある。

乾くとクマリンの芳香（サクラの香り）がする。クマリンはアレロパシーの原因となる。牧草地更新時にすき込むと、アレロパシー効果は1週間ほど持続し、新播チモシーが影響を受ける。アカクローバやアルファルファは比較的影響を受けにくい。もともと牧草として導入されたが、家畜は好まないので、牧草地生産性は低下する。英名はSweet vernal-grass。

群生

小穂の柄に毛あり

葉舌は長い膜質で、葉鞘に毛あり

変種ケナシハルガヤ。小穂、小穂の柄に毛がない

類似種との見分け方

変種ケナシハルガヤ（var. alpinum）は小穂の柄に毛がない。

単子葉 ★

131 メヒシバ

●イネ科 ●Digitaria ciliaris ●夏生一年生

芽生え。初めは直立する

春～夏に発生し、夏～秋に結実。稈(かん)は初め直立し、間もなく下部は横に寝て、節から発根しながら地面を這って、稈の上部は斜上する。幼植物、成植物共に、葉鞘(ようしょう)に白色の長い毛が密生する。葉身は幅広い。

種子生産量は1株当たり3万～8万個の場合もある。種子には休眠があり、翌春には覚醒する。発芽温度は15～45℃と高い。発生深度は1 cm以内が多く、限界は6 cm。土中種子の寿命は2、3年。優占圃場を放置すると、大豆で60%前後の減収があるといわれる。

●**生育型**　そう生型の茎の下部がほふくする
●**繁殖器官**　種子
●**主な種子散布方法**　重力によって自然落下する
●**種子以外の繁殖法**　茎の下部が地上を這(は)い、節から根を下ろすが、通常は栄養繁殖をしない

生育初期。稈は横に寝る

生育中期

作物の中では直立する（小豆畑）

結実（大豆畑）

葉鞘（ようしょう）に長毛があり、地に接する節から発根する

類似種との見分け方

アキメヒシバ（p.376）の葉鞘には毛がなく、葉身が細く鋭い傾向がする（表）。ほふくする茎の節から発根しない。

表　1年生イネ科の区別

	種名	葉の毛	葉鞘(ようしょう)の毛	葉舌	草姿	分布
幼植物	メヒシバ	白色の長い毛	白色の長い毛	膜質	—	どちらかというと西部
	アキメヒシバ	葉身基部にまばらに長毛	無	薄い膜質	—	どちらかというと東部
	イヌビエ	無	無	無	—	全道
	エノコログサ	無	無、縁に毛	毛の列	—	全道
	アキノエノコログサ	上面に軟毛、ときに無	無、縁に毛	毛の列	—	全道
	キンエノコロ	基部に長毛	無	短毛の列	—	全道(圃場内には少ない)
	スズメノカタビラ	無	無	薄い膜質	葉身が縦に二つ折り	全道
	スズメノテッポウ	無	無	薄い膜質	葉身は平ら	全道
成植物	メヒシバ	両面無毛、縁に毛	細長い毛	有	下部は地面を這(は)う	
	アキメヒシバ	無	葉身との境に長毛	薄い膜質	斜上する	
	イヌビエ	無	無	無	直立	
	エノコログサ	無	無、縁に短毛	毛の列	直立	
	アキノエノコログサ	上面に軟毛密生、ときに無	縁に軟毛	毛の列	葉がねじれて裏返る	
	キンエノコロ	基部に長毛	無	短毛の列	直立	
	スズメノカタビラ	無	無	薄い膜質	葉の先がボート型、そう生	
	スズメノテッポウ	無	無	高く目立つ	直立、下部は斜上	

単子葉 ★

132 アキメヒシバ

●イネ科　● Digitaria violascens　●夏生一年生

芽生え～生育初期

夏生一年生イネ科の中では発生開始時期が遅めだが、春から晩夏まで発生があり、発生時期が遅くても短期間で結実する。稈(かん)は斜めになった基部で多く分げつする。幼植物も成植物も葉身・葉鞘(ようしょう)共に毛がほとんどない。葉身は細め。

種子は土中の場合、2、3年で大部分が死滅するが、4年半後に10～30％生存した例もある。発生温度は比較的高温。種子には休眠性があり、光発芽性で、発生深度は2 cmくらいまで。

●**生育型**　そう生型の茎の下部がほふくする

●**繁殖器官**　種子

●**主な種子散布方法**　重力によって自然落下する

●**種子以外の繁殖法**　通常は栄養繁殖をしない

生育中期。稈は斜上（トウモロコシ畑）

生育中期。立ち上がったもの（トウモロコシ畑）

出穂期

類似種との見分け方

メヒシバ（p.372）の葉鞘（ようしょう）には白色の長い毛が密生する。葉身は幅が広め。ほふくする茎の節から発根する。

開花期（大豆畑）

茎の節からは発根しない

単子葉 ★

133 イヌビエ

●イネ科 ●Echinochloa crus-galli var. crus-galli ●夏生一年生

実生の芽生え

春から夏に発生し、秋に結実する。種子生産量は1株当たり1万5,000～2万5,000個。種子に休眠があり、発芽には明条件を好む。発芽温度は10～40℃。たん水下でも発生は可能で水田でも多発する。発生深度は数センチメートル、最深は10 cmくらい。

土中種子の寿命は2、3年、13年の例もある。地表に落ちた種子は翌春までに40％ほどが発芽力を失うという。1年半後には大部分が死滅するとも。トマトに対して、畝1 m当たり16本で26％、64本で84％減収した例もあり。吸水種子は55℃ 24時間処理で死滅、47℃では多くが生存したという。

●**生育型**　そう生型の茎の下部がほふくする
●**繁殖器官**　種子
●**主な種子散布方法**　重力によって自然落下する
●**種子以外の繁殖法**　通常は栄養繁殖をしない

生育初期

生育初期の多発大豆畑

生育盛期（大豆畑）

横に広がることもある（てん菜畑）

大豆畑で多発

結実期
(トウモロコシ畑)

水田でも多発

類似種との見分け方

変種ヒメイヌビエ(var. praticola)があり、イヌビエは湿地を好むが、ヒメイヌビエは中生地を好む。芒(のぎ)の長いタイプを変種ケイヌビエ(var. praticola)とする。変異の大きい植物で、厳密な区別は難しい。ノビエは野生ヒエの総称。ヒエ類は葉舌がなく、ほかのイネ科と区別ができる。

単子葉 ★

134 シバムギ（ヒメカモジグサ）

●イネ科 ●Elytrigia repens ●多年生

根茎から萌芽

春先に地中の根茎から萌芽する。成植物の葉舌は高さ1mmほどで目立たない。葉耳は細い三日月形。夏には結実するが、自家不和合性で、同じ栄養系内では結実しない。

種子の生産量は1穂当たり50個。種子に休眠はなく、落ちた種子はすぐに発芽できる。種子の発芽温度は5～35℃、光条件は影響しない。発生深度は10cm以内。土中種子の寿命は3、4年。

出芽後、6～8葉期になると根茎を伸ばし始める。根茎にはほぼ3cm間隔で節があり、節には芽がある。親株1個から3m離れた所まで根茎を伸ばし、分枝を含めて全長が154mに達した例がある。根茎からの発芽温度は5～35℃。根茎の耐干性は強いが耐湿性は強くない。夏季には休眠する。切断根茎は40cm深でも萌芽する。

●**生育型**　そう生型
●**繁殖器官**　根茎、種子
●**主な種子散布方法**　重力によって自然落下する
●**種子以外の繁殖法**　根茎が横走し、広範囲に広がる

シバムギ

萌芽後の生育初期（トウモロコシ畑）

そう生する（小豆畑）

稈（かん）の基部は斜上する（てん菜畑）

生育中期（トウモロコシ畑）

根茎で広がり増殖する

単子葉

135 ノハラスズメノテッポウ

●イネ科 ● Alopecurus aequalis var. aequalis ●夏生一年生、越冬一年生

出穂開花期（ブロッコリー畑）

春と秋に発生。春に発生したものは初夏に出穂し、結実する。秋に発生したものは越冬する。種子の発芽力は湿潤状態の40℃で約50日、60℃で6時間以内に失われ、完熟化した堆肥では生き残ることが少ない。発芽に光は不要。発生深度は6 cm以内。種子に休眠がある。畑地型で、芒（のぎ）が目立たないことが特徴。

●**生育型**　そう生型
●**繁殖器官**　種子
●**主な種子散布方法**　風や水で運ばれたり、重力によって自然落下する
●**種子以外の繁殖法**　通常は栄養繁殖をしない

開花期（秋まき小麦畑）

結実期（秋まき小麦収穫後）

開花期の花序（穂）。芒は小穂からほとんど突出しない（目立たない）

類似種との見分け方

スズメノテッポウ（p.63）は水田型で、芒が目立つ。その他の外見はほぼ同じ。

単子葉 ★

136 スズメノカタビラ

●イネ科　●Poa annua　●夏生一年生、越冬一年生

芽生え

夏季高温時を除いていつでも発生し、出穂・結実する。秋に発生したものは越冬し、翌春結実する。登熟直後の種子には浅い休眠があり、水分がある場所に5～15℃で、1、2週間置かれると覚醒する。

種子生産量は1株当たり1,000～5,000個、時に8,000個以上。家畜に食べられた種子は死滅する。光発芽性で、発生深度は1cm以内がほとんどで最大4cmまで。土中種子の寿命は1、2年だが、時に5年以上。

第1、2葉の横断面はU形、第3葉以降は縦二つ折り。葉先はボートのへさき形になるので他のイネ科との区別は容易。冷涼・多湿なゴルフ場のフェアウエーでは多年生タイプが多いという。

●**生育型**　そう生型
●**繁殖器官**　種子
●**主な種子散布方法**　重力によって自然落下する
●**種子以外の繁殖法**　通常は栄養繁殖をしない

生育初期

生育中期

春生えの出穂期

越冬前

越冬後出穂始め（秋まき小麦畑）

越冬後の出穂・開花期（てん菜畑）。春耕の埋没を逃れた個体

多発圃場（芽生え期のトウモロコシ畑）

単子葉

137 ムカゴイチゴツナギ

●イネ科 ●Poa bulbosa var. vivipara ●多年生

そう生状に密生

●**生育型**　そう生型

●**繁殖器官**　種子、球茎、無性芽（むせいが）

●**主な種子散布方法**　重力によって自然落下する

●**種子以外の繁殖法**　根茎が短く分枝し、茎基部に球茎をつくる。穂に無性芽（むかご）をつくり倒伏して地面に接触し、親株のごく近くに広がる

地上茎の基部が膨らんで小さな球茎になる。小穂は無性芽になり、穂についたまま成長し、倒伏とともに子株となる。根茎は短く、子株となる。増殖器官はあまり拡大しないので、団子状態に密生することが多い。地上部は枯れないで越冬する。ごく若い段階は、普通に花をつけ、種子繁殖もする。

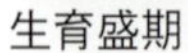

生育盛期

出穂期

類似種との見分け方

基本種チャボノカタビラ（P. bulbosa）は無性芽をつけない。北海道での分布は確認されていない。

小穂は無性芽になる

地上茎の基部は球茎になり、短い根茎を出す

単子葉

138 オオスズメノカタビラ

●イネ科 ●Poa trivialis ●多年生

穂（秋まき小麦畑）

葉舌の比較。オオスズメノカタビラ（左）とコヌカグサ

●**生育型** そう生型
●**繁殖器官** 種子、根茎、ほふく茎
●**主な種子散布方法** 重力によって自然落下する
●**種子以外の繁殖法** 根茎・ほふく茎が横走し、やや広範囲に広がる

長い根茎またはほふく茎を伸ばし、子株をつくって増殖する。下方の葉身の先はスズメノカタビラ（p.386）のようにボートのへさき状になる。葉舌は長さ3〜8 mmの白色膜状で先はとがる。耐干性に乏しく、日陰を好み、湿りやすい秋まき小麦連作畑に発生しやすい。

類似種との見分け方

ヌマイチゴツナギ（P. palustris）の根茎はごく短く、ほふく茎もない。葉舌の先はとがらないことが多い。コヌカグサ（p.365）の葉舌は3〜5 cm、上のへりにギザギザがある。

単子葉 ★

139 アキノエノコログサ

●イネ科 ●Setaria faberi ●夏生一年生

実生の芽生え

葉の表に毛があり、触るとざらつく。葉身が無毛の場合もある。葉鞘(ようしょう)の縁にも毛が列生。葉耳はなく、葉舌は毛の列。夏生一年生イネ科の中では発生開始時期が遅め。出穂・結実は晩夏～秋。小穂の基部に刺毛があり、紫色がかる。

種子の発芽温度は15～30℃。土中種子の寿命は4年以上、4年半後の生存が10%以下の例もある。生育が抑制されても結実し、幼穂形成前なら地上2cmで刈られても結実可能。

アレロパシー作用によりトウモロコシの生育を35%抑制させたとの報告もある。トウモロコシでは畝長1m当たり13本発生で18%減収し、大豆では畝長1m当たり3本発生で13%減収したという報告もある。春の防除対策をすり抜けることがある。

●**生育型**　そう生型
●**繁殖器官**　種子
●**主な種子散布方法**　重力によって自然落下する
●**種子以外の繁殖法**　通常は栄養繁殖をしない

生育初期

出穂始め（大豆畑）

出穂期（大豆畑）

結実期
（トウモロコシ畑）

多発圃場（そば畑）

葉の表に軟毛がある。葉鞘（ようしょう）の縁にも列生。葉耳はなく、葉舌は毛の列

小穂（第二小花の護穎が見える）

類似種との見分け方

幼植物でも成植物でも、本種は葉身上面に毛があるが、エノコログサ（p.398）にはない。ただし葉身が無毛の場合もある。アキノエノコログサの穂は長めでほとんどの場合、上部が垂れる。小穂の第二包穎（ほうえい）が小穂の2/3〜3/4と短く、第二小花の護穎は露出する（第一小花は不稔）。エノコログサの穂は短めで直立するかやや垂れる。第二小花の護穎は露出しない。

単子葉

140 キンエノコロ

●イネ科 ●Setaria pumila ●夏生一年生

出穂開花期（大豆畑）

葉身は両面無毛。葉身基部に長毛があり、葉耳はなく葉舌は毛の列。小穂基部の刺毛は金色。穂は短めで直立する。第二包穎（ほうえい）が短く、第二小花が大きく露出する。

種子生産量は1穂当たり180個くらいで、1株当たり540～8,460個。種子に休眠あり。発生深度は2 cm以内が良好だが、12 cmでも可能。土中種子寿命は13年以上。

●生育型　そう生型

●繁殖器官　種子

●主な種子散布方法　重力によって自然落下する

●種子以外の繁殖法　通常は栄養繁殖をしない

多発圃場（大豆畑）

開花期の穂

穂の刺毛は黄金色

第二包穎が短く、第二小花の護穎が大きく露出する

葉身基部に長毛があり、葉耳はなく葉舌が毛の列。葉鞘（ようしょう）の縁に毛はない

類似種との見分け方

エノコログサ（p.398）の刺毛は通常は緑色。小穂の第二包穎が小穂と同長で第二小花を覆う。アキノエノコログサ（p.392）の穂は長い。

単子葉

141 エノコログサ

●イネ科　● *Setaria viridis*　●夏生一年生

結実期。穂はほぼ直立

葉身は両面無毛。葉鞘（ようしょう）の縁には毛が列生。葉耳はなく、葉舌は毛の列。夏生一年生イネ科の中では発生開始時期は早めで、春から夏まで発生があり、夏から秋に出穂・結実する。

種子生産量は1穂当たり300〜800個、1株当たり5,000〜1万2,000個で、家畜に食べられても生きている。種子には休眠がある。種子の発芽温度は7〜40℃。発芽深度は1〜2 cmで、発芽深度は12 cmが限度。土中種子の生存期間は15年以内。小穂につく刺毛が紫色のものをムラサキエノコロと呼ぶこともある。

●**生育型**　そう生型
●**繁殖器官**　種子
●**主な種子散布方法**　重力によって自然落下する
●**種子以外の繁殖法**　通常は栄養繁殖をしない

結実期。穂は直立したり、やや垂れたりする

葉身は両面無毛。葉鞘の縁には列生。葉耳はなく、葉舌は毛の列

類似種との見分け方

アキノエノコログサ（p.392）、キンエノコロ（p.395）と似ている。小穂の第二包穎（ほうえい）が小穂と同じ長さで第二小花を覆う。キンエノコロは葉身基部に長毛があり、刺毛は金色。第二包穎が短く、第二小花の護穎が大きく露出する。

小穂の第二包穎が小穂と同長で護穎を覆う

単子葉 ★

142 ツユクサ

●ツユクサ科 ●*Commelina communis* ●夏生一年生

芽生え

春～夏に発生。生育期間は長く、晩夏～秋に開花・結実する。下部の茎は倒れて分枝し、節から根を出し、上部は立ち上がる。

種子生産量は1株当たり4,000個ほど。千粒重は6～10 gと重い。種子には休眠があり、翌春に覚める。種子の寿命は土中で4年半を過ぎても40％以上、25年後でも12～22％が生存。10 cm深でも出芽可能。

カルチなどで土壌表面を削っても地表に水分があると、放置された茎から発根し再生する。花の咲いた茎を土中に埋めても、茎の長さが10 cm以上あれば土中で結実する。遮光に耐え、作物に覆われても負けない。透明ポリマルチで、11 cm深までの種子が死滅したという例はある。

●**生育型**　分枝型でほふく茎を持つ
●**繁殖器官**　種子
●**主な種子散布方法**　重力によって自然落下する
●**種子以外の繁殖法**　通常は栄養繁殖をしない

生育初期

生育中期。分枝を始める（トウモロコシ畑）

開花始め（トウモロコシ畑）

多発圃場（大豆畑、トウモロコシ畑）

花。花序は大きな苞葉（ほうよう）に包まれる。1本の雌しべとほぼ同長の2本の雄しべ、4本の仮雄しべがある

シロバナツユクサ

発芽時の地下部。種子と子葉鞘（しょうしょう）が細長い組織でつながっている

類似種との見分け方

品種シロバナツユクサ（f. albiflora）の花弁は白い。

その他（シダ）★

143 スギナ（ツクシ）

●トクサ科 ●Equisetum arvense ●多年生

胞子茎（ツクシ）

根茎は地表下30 cm深くらい、時には1 mに達する場合もある、多くは5〜10 cm深で、節から数本の根や芽を出しながら横走する。夏に節上の胞子茎と栄養茎の基をつくる。翌年の早春に胞子茎が地上に出て、胞子が飛散する。飛散後、胞子茎は枯れる。胞子は土壌のかく乱がなく、やや湿った所で発芽、定着しやすい。春に発芽し、秋には成体になる。胞子茎の萌芽に遅れて栄養茎も萌芽し、密生する。栄養茎は四角柱状で、節部から枝を輪生状に出す。枝を密に出すものからまばらに出すものまであり、枝の長短もいろいろ。茎の分岐はほとんどないが、分岐する場合もある。栄養茎の節には葉がさや状につく。

●**生育型**　直立型

●**繁殖器官**　胞子、根茎、塊茎

●**主な種子散布方法**　風や水で運ばれる

●**種子以外の繁殖法**　根茎が横走し、広範囲に広がる。根茎に塊茎もつく

栄養茎の根茎からの萌芽

根茎から萌芽後の生育初期（小豆畑）

越冬根茎から萌芽後の初期生育（秋まき小麦畑）

越冬根茎から萌芽後の生育中期（てん菜畑）

生育盛期。秋まき小麦に支えられて直立する

越冬前。支えがなければ寝そべる（大豆畑）

地中深く、根茎でつながる

栄養茎の節には葉がさや状につく

類似種との見分け方

イヌスギナ（p.406）は胞子茎をつくらず、胞子のう穂を栄養茎の先端につける。スギナにも栄養茎の先に胞子のう穂をつけるものがある。イヌスギナの栄養系につくさや状の葉はスギナに比べて長く、縁は膜質になる。

144 イヌスギナ

●トクサ科　● Equisetum palustre　●多年生

草地で

●生育型　直立型
●繁殖器官　胞子、根茎、塊茎
●主な種子散布方法　風や水で運ばれる
●種子以外の繁殖法　根茎が横走し、広範囲に広がり、根茎には塊茎もつく

胞子茎はつくらず、栄養茎の先端に胞子のうをつける。栄養茎はスギナ同様。節にさや状の葉をつけ、葉の縁は膜質になる。根茎は深さ 130 cm に達し、70 cm 辺りに多く分布していたという報告がある。排水不良の牧草地や水田転換畑で多発する場合がある。スギナと同様に定着後の駆除は大変困難。乾草 100 g 前後で乳牛が下痢症状を起こす。

類似種との見分け方

スギナ（p.403）と似ているが、胞子茎（ツクシ）をつくらず、胞子のう穂を茎の先端につける。スギナの栄養茎につく、さや状の葉は比較的短く、縁は膜質にならない。

雑草防除の基本的な考え方

雑草防除の基本的な考え方

雑草防除の目標

高望みだけれど、せめて目標だけでも高く掲げよう。

雑草防除の目標は、いずれは殊更な雑草防除を不要にすることだ。「目の前の作物への直接の雑草害を防げればよい」ということだけではない。雑草の発生密度を下げること、絶えず下げる努力を意識的に続けること、そうすることで長かった雑草との戦いから解放されることこそが雑草防除の目標だ。殊更な雑草防除を不要にすることとは、つまり、作物を育て収穫する、今年も来年も、その一連の作業体系の中にある雑草防除だけを目的にした作業をなくすことだ。大方の耕地では、土中に雑草種子や栄養繁殖器官がふんだんにある。発生密度を下げることとは、これを限りなく少なくしていくことだ。雑草発生密度の低くなってきた耕地では、ある作物では除草剤を効果的に利用でき、ある作物では無除草剤も可能になる。そして雑草発生密度が十分に低くなった耕地では、殊更な雑草防除は問題にならなくなる。これが雑草防除の目標だ。

しかし、そう簡単ではない。取っても取っても雑草は生えてきて、種子をつけ、地下茎を伸ばし、さらにはどこからか飛び込んでくるのが実情だ。さて、いま何ができるだろうか。

耕地雑草とは

耕地雑草とは、耕地に生える、作物（人間がつくろうと思ってつくっている植物）以外の草本植物のこと。

例えば、水田に生えるミズアオイ。池沼にあれば、北海道レッドデータブックで絶滅危急種とされ保護の対象にもなっているが、水田にあれば稲生産に大きな害をもたらす水田雑草だ。ハコベやナズナは春の七草として親しまれているが、畑地にあれば畑作物生産に害をもたらす畑地雑草。おいしいフキも、草地に生えれば手ごわい草地雑草だ。

畑ではびこるツユクサも、庭先で茶花用に育てられるツユクサも、道端で咲くツユクサも、全部ツユクサだ。ツユクサが全て耕地雑草である、というわけではない。

植物は、生えてはいけない耕地に生えたときにだけ「耕地雑草」になる。そして、次の世代も耕地に生えるだろう。そこの道端に生えているものは、今は耕地雑草ではないけれど、次の世代では耕地雑草になるかもしれない。

ミズアオイの花。池沼にあれば絶滅危急種とされ保護対象だが、水田にあれば雑草だ

ツユクサの花。庭先で茶花用に育てられることも

耕地雑草が嫌われる理由

耕地雑草（以下、雑草）が嫌われるのは、雑草が直接・間接に農業にとって有害だから。それも軽微なものではなく重大なものだからだ。主な雑草害は次のようなことである。

①収量が低下する

作物と雑草の根が錯綜し、土壌からの養水分を奪い合い、作物にとっての養水分が不足する。雑草が作物の上に出ると日陰が多くなり、光合成が十分にできなくなる。水田で、雑草が水面を覆うと水温は2〜4℃も低下することがあるそうだ。作物は徒長し、分げつ・分枝が少なくなり、開花数・着粒数は減少し、収穫物の充実・肥大は小さくなる。寄生雑草に寄生されると、作物体内から養水分や同化産物が奪われる。

草地では不良草種が草地生産力を低下させる。放牧地でとげの強い雑草があると、家畜はその周りを食べずに残す。

②収穫物の品質が低下する

生産物の内外品質を損なう。小麦の低アミロ化や穂発芽、大豆の汚粒発生なども重大だ。採種栽培で、雑草種子が混入すると、調製に手間を取られたり、流通できなくなることもある。

草地で不良草種が混在すると、嗜好(しこう)性や栄養価が低下する。乳牛が食べた雑草の臭いが牛乳に残る場合もある。

③病害虫の温床になる場合も

病害虫では作物と雑草で共通のものも多く、雑草があると感染源になったり、まん延しやすくなる場合もある。

④家畜の健康を損なう場合も

飼料に有毒植物が混ざると、乳牛などの家畜は下痢や食欲不振、起立不能などを発症し、乳量や乳質が低下、時には死に至る場合もある。とげの強い雑草が敷草に入ると、乳牛の乳房が傷つけられ、ストレスを感じ、乳量が低下する。

⑤各種作業の邪魔になる

優占し、繁茂すると、駆除しにくいだけではなく、コンバイン稼働などの邪魔にもなる。

⑥花粉症の原因になる

果樹園の草生栽培などで花粉症原因の植物があると、作物の被害は小さくても、耕作者や近隣の人、観光果樹園の場合には客に被害を与える場合がある。

⑦雑草防除作業を余儀なくさせる

作物への直接害も重要だが、そのために除草など余計な作業を強いられることこそ甚大な被害である。さらに種子が落ちたり栄養繁殖器官が残ると、また次期も同じ苦労が強いられる。

草地では雑草が優占し過ぎると、更新を強いられる。

耕地にはどんな雑草が生えているか

耕地には、越冬して春先一番に緑を回復し、春耕前に花を咲かせるような雑草から、作物の出芽と競うように発生するもの、作物の生育に後れを取って発生してくるもの、作物が収穫されてから発生し越冬するようなもの、発生する時期があまり決まっていないものまでいろいろな種類が生えてくる。雑草は勝手に生えているように見えるけれども、実は土壌のかく乱によりコントロールされている。つまり作物の栽培暦に従っている。

雑草はイネ科と非イネ科に、単子葉植物と双子葉植物になど大きく分けることができる。これらの特徴は幼植物のときから見分けがつきやすい。除草剤の選択性（何に効くか、効かないか）にも関わってくる。

生育が進んでくると、直立するもの、ほふくするもの、地際にだけ葉を広げるものなど、姿もいろいろ。種子で子孫を残すもの、地下茎などで分身をつくるものなど、繁殖法もいろいろ。その様子はほぼ類型化できる。もちろん例外もある。この類型化は防除法の手掛かりになるものだ。しかし、その様子が分かるくらいに生育させてしまっては、防除としてはほぼ失敗。だが、どんな種類の雑草が発生してくるか、およその見当をつけておくためには有益だ。

■世代交代の周期（生活史、休眠型）

一生をどんな周期で過ごし、世代交代するかは、主に以下の通りである。

【一年生】 発芽から開花・結実し、枯死するまでの一生を一年（季節の一巡）以内に完結し、それ以外の期間は種子で過ごす。次の２つのタイプがあり、どちらも可能な種類も多い。

夏生（春生）一年生：無雪期の間に一生を完結する。一生が短く、ひと夏の間に世代交代を数回繰り返すものもある。

越冬一年生：発芽後、積雪期を雪の下で過ごし、翌春以降に開花・結実し、枯死する。

【多年生】 開花・結実し積雪期前に地上部は枯れて

も、茎や根の一部は枯れずに生き残り、翌春、そこから再び生育を始める。生存期間が２年ほどの短期のものから、相当長い長期のものまである。

一年生雑草と、定着した多年生雑草との差は大きい。一年生雑草では効果的な防除方法でも、定着した多年生雑草には無効な場合がある。多年生雑草でも、種子から発生して間もなくのうちは一年生雑草と同じと見なしてよい場合もある。

■繁殖器官

繁殖の仕方は種子によるもの、種子の他に地上茎（ほふく茎）あるいは地下茎（根茎、塊茎、球茎、鱗（りん）茎（けい）など）、根（直根、横走根）、まれに無性芽（むせいが）（むかご）など栄養体によるものがある。

【主な種子散布方法】 風や水によって遠くまで運ばれるもの、動物に付着したり食べられて広がるもの、果皮の裂開などによってはじかれるもの、特段の手段を持たず重力によってすぐ近くに落ちるものなどさまざま。種子に動物や昆虫などの好物の分泌物を付け、落下してもアリなどに運ばせるようなものもある。遠くまで運ばれるものは耕地外からの侵入が容易。

【種子以外の繁殖法】 根茎が長く伸び途中の節や先端から根や芽を出し広範囲に広がるもの、短くて近くにとどまるものがある。塊茎や球茎、鱗茎をつくって越冬するものもある。根が横に伸び（横走根）、途中の不定芽から根や芽を出し、広範囲に広がるものなどもある。太い直根から再生するものもある。根茎や横走根が細断されると切片から容易に発芽発根するため、防除の際には大変手ごわく、特段の留意が必要になる。

■生育型

生育が進んでくると地上部の形態や生育の特徴がはっきりしてくるので、それを類型化することができる。環境の影響を受けやすいが、見た目で判断できるので、特徴をつかみやすい。また、草刈りなどの留意点にも関わる。地上部に高く繁茂するものは刈り取りなどで対処しやすいが、地面近くにへばりつくようなものでは花茎だけを刈り取ってもほとんど無効になる。

【直立型】 地上部の主軸がはっきりしている

【分枝型】 茎の下部で分枝が多く、主軸がはっきりし

ない
【そう生型】株をつくり、茎がそう生（根際から束のように集まって生じる）する
【つる型】茎が巻き付く、寄りかかる
【ほふく型】ほふく茎を伸ばし、節々から根や茎を出す
【ロゼット型】葉は放射状につく根生葉（ロゼット葉）だけで、花茎にはない
【一時ロゼット型】初めロゼット型で、後にロゼット葉が枯れて直立型になる
【偽ロゼット型】ロゼット葉は枯れず、花茎にも葉がある

どうやったら雑草は嫌がるか

■雑草の消長

「多少減収しても損のない程度に抑草できればよいのではないか」と考えられなくもない。だが、その残草が結実したり、栄養繁殖器官が成長すると、次作以降の雑草害のもとになってしまい、いつまでも雑草との戦いからは解放されない。

播種後あるいは移植後、数十日くらいで作物の茎葉が地面を覆うようになるため、「そのころまでは除草が必要だが、その後は作物が雑草生育を抑制し減収しなくなるので、除草しなくてもよくなるのではないか」と考えられなくもない。しかし、雑草害は競合による直接の減収だけではない。種類によっては、隙間をぬって作物の上に出ようとするし、かなり遅くに発生しても結実したり、作物に覆われても結実したりする。

作物の収穫後、残った雑草の生育は競合相手がなくなるので旺盛になり、よく結実し地下の繁殖器官も養分を蓄える。この対策は重要だ。

土中種子の寿命はさまざまだ。種類によって、あるいは土壌条件によって相当長い場合がある。従って、雑草発生・結実の前歴がある圃場では、種子が地中で生存しているに違いない。耕起・反転によって、土中種子が地表近くに戻されて、条件が好転すると、一斉に発生する場合がある。つまり土中種子を地表近くに戻し、発芽させ駆除することも、発生密度を下げる重要な手立てになる。

雑草は耕地の中だけで再生産されるのではない。耕作者自らが持ち込むこともあり、自然界の普通の成り行きで持ち込まれることもある。生きた雑草種子が混入している未熟堆きゅう肥の投入、作業機、靴、水・風や鳥たちによる運搬などである。だが耕作者自らが持ち込むことは避けなければならない。完熟堆肥は熟成過程で50〜60℃近くにまで温度が上がる。この温度が続くと、雑草種子も生きてはいけない。

一方、駆除を逃れた雑草は繁殖態勢に入る。ほとんどの一年生雑草は種子繁殖だけで、ほとんどの多年生雑草は栄養繁殖も行う。種子繁殖しか行わない雑草には、種子を落とす前の処置(種草取りなど)が有効である。栄養繁殖をする雑草の場合、地上部を刈り取るだけでは繁殖を止められない。繁殖器官の駆除が必要。

■雑草防除の方法

たいていは作物の播種をしたり、苗を植え付けた後に防除対策を講じている。だが、作物を生かしながら、そばにある雑草だけを退治するというのは難しい。種子や地下茎などの繁殖器官を持ち込まない、つくらせないことが重要である。

【持ち込まない】未熟堆肥だと種子は死なない。家畜に食べられても種子は死なない(死ぬこともある)。作物種子に混ざっていることもある。耕地のそばの道端にもいっぱいある。これらを持ち込まないことだ。

【つくらせない】耕地に入って生えてしまったものを、結実前に退治する(除草)。十把ひとからげで一網打尽。草地や果樹園では邪魔にならないものには無理に手を出さないこと。種子はつけさせるな。

【作物がないときにこそ】作物の作付け前、収穫後、休閑時、緑肥栽培時は作物に気兼ねしなくてよい。このときこそ、簡単でかつ徹底的な対策がとれ、雑草の発生密度を抑え込むことができる。種子をつける前、地下茎などが太り始める前までに繰り返しやっつけよう。経費はかかるが。

【作物があるときには】

作物の力で：作物がしっかり育つと雑草の生育を抑える。しかし耕地雑草もやすやすとは負けてくれない。

機械や人力で：草取りクリーナ、芽が出る前の表層攪拌（かくはん）、中耕、手取り（抜き草、草削り、種草取り）。

除草剤で：処理時期は、雑草が芽を出す前（土壌処理）と、芽を出してから（茎葉処理）がある。除草剤は大変有効だが、期待できる効果や使用法が厳密に決まっているので間違わないようにする。同じ除草剤を連用すると、枯れない個体が現れる場合がある。それが遺伝的な性質であると「抵抗性タイプの出現」ということになる。除草剤には抵抗性タイプの現れやすいものと、そうでないものがあるという。とにかく、同種成分の連用は避けよう。

雑草名索引

※は本文または類似種との見分け方に記載のある草種

畑地雑草

※は本文または類似種との見分け方に記載のある草種

ニューカントリー 2018 年秋季臨時増刊号

北海道の耕地雑草ハンドブック

平成 30 年 11 月 1 日発行
発行所　株式会社北海道協同組合通信社

■札幌本社
〒 060-0004
札幌市中央区北4条西 13 丁目1番 39
TEL 011-231-5261　FAX 011-209-0534
ホームページ　http://www.dairyman.co.jp/

[編集部] TEL 011-231-5652
E メール　newcountry@dairyman.co.jp
[営業部(広告)] TEL 011-231-5262
E メール　eigyo@dairyman.co.jp
[管理部(購読申し込み)] TEL 011-209-1003
E メール　kanri@dairyman.co.jp

■東京支社
〒 170-0004
東京都豊島区北大塚 2 丁目 15-9　ITY大塚ビル 3 階
TEL 03-3915-0281　FAX 03-5394-7135
[営業部(広告)] TEL 03-3915-2331
E メール　eigyo-t@dairyman.co.jp

発行人　新井　敏孝
編集人　木田ひとみ

印刷所　株式会社アイワード

定価 3,619 円+税・送料 205 円
ISBN978-4-86453-059-0 C0461 ¥3619E